하루 ——— 5분
성경 태교 동화

하루 5분
성경 태교 동화

글 박총 | 그림 진순

위즈덤하우스

❁❀❁❀❁❀❁❀❁❀❁❀❁❀❁

해민 해언 해든 그리고 화니에게

너희가 태어나서 나도 아빠로 태어났어

네 번이나 아빠가 되는 특권을 선물해 줘서 고마워

더불어

네 아이와 함께 엄마로 거듭난

내 사랑 순영 씨에게

당신의 모태와 모성애는

내 안의 부태(父胎)를 일깨웠지

차례

1
CHAPTER

사랑으로 여는 이야기

2
CHAPTER

하나님의 손길이 담긴 이야기

5
CHAPTER

하나님이 오시는 이야기

6
CHAPTER

하나님나라를 이뤄가는 이야기

9
CHAPTER

주 안에서 다시 일어서는 이야기

10
CHAPTER

믿음으로 살아가는 이야기

1

CHAPTER

사 랑 으 로
여   는
이 야 기

✳ ✳ ✳

이토록 아름다운 세상을 만드시다니요.

이토록 아름다운 세상에 살게 하시다니요.

만물에 깃든 주님의 거룩함과 아름다움이 경이롭습니다.

우리 아기가 주님의 창조 세계를 즐기고 돌보는 사람으로 자라나게 해주세요.

그 속에서 하나님의 숨결을 발견하곤 "하나님, 제가 주님을 찾았어요!"하며

보물찾기 하는 아이처럼 기뻐하게 해주세요.

창조는
사랑의
몸짓입니다

한처음에

사방 천지에 아무것도 없을 때

아니, 천지라는 것조차 없을 때

땅도 없고, 바다도 없고, 나무와 동물도 없던 시절에

하나님의 사랑이 비눗방울처럼 몽글몽글 피어올랐어요.

피어오르는 사랑으로 하나님이 입을 여셨어요.

"빛이 생겨라."

말씀하시기 무섭게 빛이 등장했어요.

빛이 나타나자 어둠은 저 멀리 물러갔습니다.

첫날의 일을 마친 하나님은 미소를 지었답니다.

그분의 마음에 쏙 들었어요.

이튿날 하나님은 하늘을 만드셨어요.

"하늘이 있으라."

그분의 말씀은 활짝 갠 파란 하늘을 펼쳐놓았어요.

하나님의 선한 눈매를 닮은 구름이 떠다니고

하나님의 숨결을 닮은 선선한 바람이 불었어요.

사흘째 되는 날 하나님은,

물은 바다로 모으고 마른 땅이 드러나게 하셨어요.

예술가인 하나님은 세상을 훨씬 눈부시게 만들기로 했습니다.

먼저 물감을 풀어 초록색 풀을 돋아나게 하고

꽃을 각양각색으로 칠했어요.

정원사인 하나님은 커다란 아름드리나무로 산을 채우고,

열매 맺는 나무도 적절하게 심어서 멋과 맛을 어울렀어요.
빽빽한 숲과 무성한 정글, 광활한 사막과 꽁꽁 언 빙하를
지구별 곳곳에 배치했어요.

나흘째엔 하늘을 예쁘게 꾸몄어요.
하늘에 해와 달을 걸어두어 낮과 밤을 번갈아 지키게 했어요.
바닷가의 아이가 모래를 파도에 던지듯이
하나님은 셀 수 없이 많은 별을 온 우주에 흩뿌렸어요.

다섯째 날엔 철새가 공중을 날아가게 하셨어요.
나무 아래는 텃새와 벌레의 합창으로 가득했어요.
고요한 밤에는 부엉이를 두어 부엉부엉 리듬을 얹었어요.
음악을 사랑하는 하나님의 귀에 흡족했어요.
바다에는 물고기, 거북이, 해파리를 풀어놓아
저마다 다른 모양과 속도로 헤엄치게 했어요.
바다 밑에는 대왕조개와 문어가 쉼표처럼 자리를 잡았어요.
하나님은 이날도 많은 것을 짓고 즐거워하셨어요.

여섯째 날이 되자 하나님은

들과 산에 갖가지 동물들이 뛰어놀게 하셨어요.
공룡은 쿵쿵쿵, 고라니는 폴짝폴짝,
토끼는 깡충깡충 체조를 시작했어요.
개는 멍멍, 고양인 야옹, 돼지는 꿀꿀,
오리는 꽥꽥, 닭은 꼬꼬댁, 꿀벌은 잉잉……
저마다 다양한 소리를 내며
"하나님, 제가 여기 있어요!" 하고 알렸어요.
세상은 정겨운 소음으로 시끌벅적해졌어요.
그사이에 두더지는 조용히 땅 속에서 굴을 팠어요.

하나님은 기쁨에 겨워 이렇게 말씀하셨어요.
"우리의 모습대로 사람을 짓자.
우리가 만든 세상을 누리고 돌보게 하자!"
별 먼지(stardust)와 재로 사람을 빚은 다음
코에 '후~' 하고 생명의 숨을 불어넣으니
생기를 지닌 존재가 되었어요.

하나님은 지으신 모든 것을 보며 손뼉을 쳤답니다.
모든 것이 아주, 아주 좋았어요.

"아, 얼마나 멋진가!"
하나님의 솜씨와 아름다움이 꽃 한 송이, 돌 하나에도 알알이 깃든
이 놀라운 세상을 보세요!

일곱째 날에, 하나님은 한껏 웃었어요.
열심히 일하신 하나님도 이날엔 한숨을 돌리고 쉬었어요.
그분이 먼저 당신의 창조를 즐기고 누렸어요.

아이와 함께
드리는 기도

✝ ✝ ✝ ✝ ✝ ✝ ✝ ✝

하나님, 고맙습니다.

이토록 아름다운 세상을 만드시다니요.
이토록 아름다운 세상에 살게 하시다니요.

비록 죄악과 고통이 끼어들어 방해하였지만
만물에 깃든 주님의 거룩함과 아름다움은 여전합니다.

우리 아기가 주님의 창조 세계를 즐기고 돌보는 사람으로
자라나게 해주세요.
그 속에서 하나님의 숨결을 발견하곤 "하나님, 제가 주님을 찾았어요!"
하며 보물찾기 하는 아이처럼 기뻐하게 해주세요.

하나님이 손수 일하고 즐거워하는 본을 보이셨으니
우리 아기도 노동하고 향유하며 살아가게 해주세요.
사랑으로 열심히 일하고 이렛날 한숨을 돌린 하나님처럼
우리 아이의 생활에 일과 쉼이 조화를 이루게 해주세요.

예수님의 이름으로 기도합니다.

아멘.

엄마·아빠를 위한 묵상

✝ ✝ ✝ ✝ ✝ ✝ ✝ ✝

나는 빛도 짓고 어둠도 창조하며 나는 평안도 짓고 환난도 창조하나니 나는 여호와라. 이 모든 일들을 행하는 자니라 하였노라. (이사야 45:7 개역개정)

아담과
하와

하나님은 동녘에 있는 에덴이라는 곳에 동산을 마련하고 일구었어요. 보기에도 아름답고 먹기에도 좋은 온갖 나무를 심어 길렀어요. 최초의 농부이자 정원사이신 하나님!

동산 한가운데에는 생명나무와 선악을 알게 하는 나무도 있었어요.

하나님은 손수 빚은 사람을 데려다가 에덴동산에 두어 살게 했어요.

하나님처럼 사람도 땅을 일구며 돌보게 하셨어요. 하나님은 사람에게 단단히 일러두었어요.

"이 동산의 나무 열매는 무엇이든 맘껏 먹어도 좋다. 다만 선과 악을 알게 하는 나무 열매만은 건들지 마라. 그것을 따 먹는 날, 너는 반드시 죽는다."

✦ ✦ ✦

하나님은 들짐승과 공중의 새를 사람에게 데리고 와서 그가 무슨 이름을 붙이는가 보셨어요. 사람이 동물에게 지어준 대로 동물에게 이름이 생겼어요.

주 하나님이 말씀하셨어요.

"사람이 혼자 지내는 것이 좋지 않구나. 서로 도우며 살아갈 짝을 만들어야겠다."

하나님은 사람을 깊이 잠들게 했어요. 그에게서 갈빗대 하나를 떼어내고 빈자리를 살로 채웠더니 남자가 되었어요. 떼어낸 갈빗대로 새로운 사람을 빚으니 여자가 되었어요. 남자가 여자를 보고 감탄하며 외쳤어요.

"내 뼈 중의 뼈, 내 살 중의 살!"

남자와 여자는 한 몸을 이루었어요. 두 사람은 알몸이지만 부끄럽지 않았어요. 둘이 하나가 된 모습은 하나님이 만든 어떤 것보다 아름다웠어요.

뱀은 하나님께서 지은 들짐승 가운데 가장 간사하고 교활했어요. 뱀이 여자에게 다가와 말을 걸었어요.

"하나님이 너희에게 동산 안에 있는 나무 열매는 하나도 따 먹지 말라고 했다며? 그게 정말이야?"

"아냐. 동산에서 나는 열매는 마음대로 따 먹어도 돼. 하지만 동산 한가운데 있는 나무 열매는 먹지도 만지지도 말라고 하셨어. 아니면 우리가 죽는다고 하셨어."

"너희는 결코 죽지 않아. 하나님은 너희가 그 열매를 먹으면 하나님처럼 될까 봐 못 먹게 한 거야. 하나님과 같이 선악을 분별하게 될까 봐 그런 거야."

여자가 그 나무를 보니 먹음직스러웠어요. 또한 자신을 슬기롭게 할만큼 탐스러웠어요. 여자가 열매를 따서 먹고 남자에게 주니 그도 받아서 먹었어요.

그러자 두 사람은 곧바로 현실에 눈을 뜨고 실상을 보게 되었어요. 자신들이 알몸임을 알고 무화과나무 잎을 엮어 몸을 가렸어요.

날이 저물어 선들바람이 불자 하나님은 산책을 하셨어요. 하나님이 동산을 거니는 소리가 들리자 남자와 여자는 하나님을 피해 동산 나무 사이에 몸을 숨겼어요. 하나님은 남자를 찾았어요.

"네가 어디에 있느냐?"

"동산에서 하나님의 기척을 듣고 제 알몸이 드러날까 두려워 숨었습니다."

"네가 벌거벗었다고 누가 일러주더냐? 먹지 말라고 한 나무 열매를 네가 먹었느냐?"

"하나님께서 제게 짝으로 주신 여자가 그 열매를 줘서 먹었습니다."

하나님은 여자에게 물었어요.

"어쩌다가 이런 일을 저질렀느냐?"

"뱀이 저를 꾀어서 그랬습니다."

하나님은 뱀에게 말씀하셨어요.

"이런 일을 저질렀으니 너는 저주를 받아 평생 배로 기어 다니면서 흙을 먹어야 할 것이다. 나는 너와 여자 사이에, 네 후손과 여자의 후손 사이에 전쟁을 일으킬 것이다. 너는 여자의 후손의 발뒤꿈치를 물려고 하다가 도리어 그에게 머리를 밟힐 것이다."

여자와 남자에게는 이렇게 말씀하셨어요.

"너희는 아기를 낳고 키울 때 몹시 괴로울 것이다. 그러지 않고는 아기를 낳고 키우지 못한다. 먹고사는 일도 큰 고통일 것이다. 땅이 저주를 받아 가시덤불과 엉겅퀴를 내리니 평생 고생해야 먹고살 것이다. 또한 너희는 먼지에서 나왔으니 먼지로 돌아갈 것이다."

두 사람은 하나님에게 벌을 받았어요. 하지만 하나님의 모든 벌이 그렇듯 저주가 아니라 은총이었어요.

✦ ✦ ✦

하나님은 가시덤불과 엉겅퀴 더미에서 살아갈 두 사람을 생각해서 가죽옷을 만드셨어요. 부모가 자식에게 하듯 옷을 입혀주셨어요. 하지만 옷감을 얻고자 사랑하는 동물을 손수 죽여야 했어요.

그리고 먼 훗날 하나님은 세상을 구하고자 사랑하는 예수님을 죽음에 내어주셨답니다.

아이와 함께
드리는 기도

+ + + + + + + +

사랑의 주님, 고맙습니다.
우리가 홀로 살지 않고 더불어 살게 해주셔서 고맙습니다.

최초의 가정을 보니 두 사람의 연합도, 두 사람의 분리도 있습니다.
서로를 향한 찬미도, 서로를 향한 원망도 있습니다.
오늘날 우리가 사는 모습과 다르지 않다는 사실을 보며
묘한 위로를 얻습니다.

최초의 가정이 온 우주를 어둠에 몰아넣는 죄를 지었음에도
하나님은 여자의 후손인 예수님을 보내시기로 결정하시고
거친 세상에서 살아갈 두 사람을 위해 가죽옷을 입혀주셨어요.

고맙습니다.
사랑합니다.

자녀를 낳고 키우는 일이 고통이 되게 하시고
생계를 꾸리는 일이 고생이 되게 하신 하나님의 섭리를 생각합니다.

자녀 양육과 밥벌이를

주님 오실 날까지 정직하고 성실하게 해나가게 붙들어주시고

그 과정 속에 우리 안에 깨어진 주님의 모습이 회복되는

은혜를 누리게 해주세요.

예수님의 이름으로 기도합니다.

아멘.

엄마·아빠를 위한 묵상

+ + + + + + + +

아버지께서 우리를 암흑의 권세에서 건져내셔서, 자기의 사랑하는 아들의 나라로 옮기셨습니다. 우리는 그 아들 안에서 구속, 곧 죄 사함을 받았습니다. 그 아들은 보이지 않는 하나님의 형상이시요, 모든 피조물보다 먼저 나신 분이십니다. 만물이 그의 안에서 창조되었습니다. (골로새서 1:13~15)

모든 생명과 맺은 약속

하나님은 가슴이 아팠어요. '왜 내가 사람을 지었을까' 하는 후회마저 들었어요. 땅마다 죄로 가득 차고, 사람마다 못된 생각만 했거든요. 인간은 서로 싸우고 상처를 주었어요. 하나님이 만든 이 지구별을 누리고 즐거워하는 대신 이용하고 파괴만 일삼자 하나님은 눈물을 흘렸어요.

딱 한 사람 노아만은 하나님의 마음에 들었어요. 올바르고 흠 없는 사람 노아는 하나님을 모시고 사는 사람이었어요. 하나님은 이 땅을 깨끗이 물로 청소한 다음 새롭게 시작하기로 맘을 먹고 노아를 불렀어요. 그에게 방주라 불리는 큰 배를 만들라고 하셨어요.

노아가 방주를 완성하자 하나님은 이렇게 말씀하셨어요.
"너희 온 가족과 모든 들짐승, 날짐승, 그리고 벌레까지 두 마리씩 태워라."
모든 숨탄것(가축을, 그 생명을 소중히 여겨 이르는 말) 한 쌍씩 노아와 함께 배에 올랐어요.
방주 안은 온갖 동물의 냄새와 소리로 가득 찼어요.
음메에, 으르렁, 부웅부웅, 까악까악!
놀랍게도 모두들 사이좋게 잘 지냈어요.
사자도 어린양과 함께 누웠어요.
그 모습이 마치 에덴동산 같고 훗날 들어갈 낙원과 같았습니다.

✦ ✦ ✦

방주 밖은 비가 왔어요. 폭우가 쏟아졌어요. 땅 밑에 있는 큰 물줄기가 터지고 하늘엔 구멍이 뚫렸어요. 가장 높은 산맥까지 물로 덮였어요. 사람은 물론 집에서 키우던 짐승과 들짐승, 땅 위를 기던 벌레와 공

중을 나는 새까지 코로 숨 쉬며 살던 것들이 다 죽고 말았어요. 방주에 탄 친구들만 살아남았어요. 그렇게 40일 밤낮으로 비가 퍼부었어요.

하나님은 배에 있던 노아와 친구들을 생각해서 비를 멈추었어요. 물이 마르도록 바람을 보내셨어요. 점점 물이 빠지더니 나중엔 방주가 산에 걸려서 멈췄어요. 노아는 창을 열고 비둘기를 내보냈어요.

공중을 날던 비둘기는 발붙일 곳을 찾지 못하자 방주로 돌아왔어요. 이레 후에 다시 비둘기를 보내자 이번엔 올리브 이파리를 물고 왔어요. 노아의 가족과 동물들은 펄쩍 뛰며 환호했어요. 다시 이레 후에 비둘기를 내보냈더니 영영 돌아오지 않았답니다.

노아가 방주의 문을 열고 내다보니 과연 지면이 말라 있었어요. 노아와 가족은 기쁨에 겨워 손뼉을 쳤어요. 자신들을 구원해 주신 하나님께 감사의 제사를 드렸어요.

이제 새로운 인류가 된 노아! 하나님은 하와 및 아담과 맺은 약속을 노아와 새롭게 맺었어요. 하나님은 노아의 가족을 하나님의 백성으로 삼고, 노아의 가족은 하나님을 자신들의 하나님으로 삼았어요.

"노아야, 너와 함께 배에 오른 숨탄것들을 다 데리고 나와서 땅 위에 두루 번져나가게 하거라. 너희 사람도 자식을 낳아 땅에 가득히 퍼져서 내가 만든 세상을 누리고 잘 돌보아주어라."

✦ ✦ ✦

하나님은 사람에게 고기를 먹도록 허락하셨어요. 다만 동물이 생명임을 알고 존중하는 마음으로 먹으라고 하셨어요. 또한 하나님은 다시는 온 세상을 덮을 다른 홍수는 없을 거라고 약속했어요. 그 약속의 표시로 무지개를 하늘에 걸어두셨어요.

하나님은 이 약속을 노아의 가족하고만 한 것이 아니라 방주에서 홍수를 함께 견딘 모든 친구들과 하는 것이라고 강조하셨어요. 무려 다섯 번이나 되풀이해서 동물도 하나님과 언약을 맺은 동반자임을 거듭 강조하셨어요. 하나님은 사람만이 아니라 당신이 지으신 모든 생명과 더불어 언약을 맺었답니다.

아이와 함께
드리는 기도

✝ ✝ ✝ ✝ ✝ ✝ ✝

하나님, 고맙습니다.

세상이 아무리 어두워져도 작은 희망의 씨앗을 심고
거기에서 새롭게 시작하는 하나님의 은혜에 감사합니다.

세상이 죄악으로 온통 멍들어도 노아는 주님 눈에 쏘옥 든 것처럼
여전히 죄 많은 세상이라도 새로 태어날 아이들이
주님 마음에 합한 사람이 되게 해주세요.
뭇 생명을 주님께로 건져 올리는 구원의 방주로 살아가게 해주세요.

하나님께서 홍수 후에 신신당부하신 것처럼
고기를 먹을 때 생명임을 새기며 고맙고 미안한 맘으로 먹게 하시고
동물이 우리에게 육체의 밥이 되어주고
예수님이 우리에게 생명의 밥이 되어주듯
우리도 누군가를 살리는 밥이 되고 싶습니다.

동물들이 언약의 동반자임을 다섯 번이나 강조하신 하나님,

사람만이 아닌 뭇 생명을 구원하기 위해 십자가에서 죽으신 예수님,
이전 세대가 망가뜨린 지구별을 되살리는
새로운 세대가 탄생하게 해주세요.
우리 아이들이 그러한 세대가 되게 해주세요.

예수님의 이름으로 기도합니다.
아멘.

엄마·아빠를 위한 묵상

✝ ✝ ✝ ✝ ✝ ✝ ✝ ✝ ✝

이는 만물이 주에게서 나오고 주로 말미암고 주에게로 돌아감이라. 그
에게 영광이 세세에 있을지어다. 아멘. (로마서 11:36 개역개정)

구 절 필 사

다음의 구절을 따라 적으며 창조의 놀라움을 아기에게 들려주세요.

나는 빛도 짓고 어둠도 창조하며 나는 평안도 짓고 환난도 창조하나니 나는 여호와라. 이 모든 일들을 행하는 자니라 하였노라. (이사야 45:7 개역개정)

감 사 일 기

태어날 아기를 생각하며 오늘의 감사 일기를 적어보세요.

2

하 나 님 의
손길이 담긴
이 야 기

* * *

그때에 주님께서 말씀하셨습니다.

"내가 앞으로 하려고 하는 일을 어찌 아브라함에게 숨기랴?

아브라함은 반드시 크고 강한 나라를 이룰 것이며,

땅 위에 있는 나라마다 그로 말미암아 복을 받게 될 것이다.

내가 아브라함을 선택한 것은 그가 자식들과 자손을 잘 가르쳐서 나에게 순종하게 하고,

옳고 바른 일을 하도록 가르치라는 뜻에서 한 것이다.

그의 자손이 아브라함에게 배운 대로 하면,

나는 아브라함에게 약속한 대로 다 이루어주겠다."

사라와
아브라함

"고향 집을 떠나라! 내가 너희에게 인도할 땅으로 가거라!"

하나님이 한 가정을 불러냈어요. 사라와 아브라함 부부는 당혹스러웠어요. 어렵사리 생활의 기반을 닦아놓고 이제 좀 살 만하다 싶었는데 기다렸다는 듯이 하나님의 말씀이 떨어졌으니까요.

'허허, 평생 정든 삶의 터전을 떠나라고? 우리가 젊은이도 아니고…….'

어디로 가야 할지 알려주기라도 하면 좋으련만 하나님은 야속하게
도 '지시한' 땅이 아니라 '지시할' 땅으로 가라고 하셨어요.

놀랍게도 사라와 아브라함은 하나님의 무모한 초청에 화답했어요.
본토 친척 아비의 집을 떠나 하나님이 이끄는 대로 기약 없는 여행길에
올랐습니다. 주위에선 다들 미쳤다고 수근거렸어요. 그럴 수밖에요. 이
날까지 고생고생하며 일군 안정된 생활을 제 발로 걷어차고 나섰으니
까요. 게다가 씨족사회였던 당시엔 부족을 떠나면 목숨과 재산을 보장
할 수 없었거든요. 치안이니 경찰이니 하는 개념이 없던 시절이니까요.
사람들은 고개를 절레절레 흔들며 제정신이 아니라고 했지만, 하나님
은 고개를 끄덕끄덕하시며 흐뭇하게 두 사람을 보셨어요. 그리고 사라
와 아브라함을 복의 근원이 되게 하리라 결심하셨어요.

믿음으로 하나님을 따라나섰다 한들 두 사람의 앞날이 순탄하지는
않았어요. 심한 흉년이 들어 생계에 위협에 닥치자 하나님의 반대를 무
릅쓰고 이집트로 내려가기도 했어요. 아브라함은 이집트 왕인 파라오
앞에서 아내 사라를 여동생으로 속였다가 발각됐어요. 그랄의 왕 아비
멜렉에게도 같은 거짓말을 했다가 망신을 당했고요. 하나님의 부름에
삶 전체를 걸 정도로 믿음이 두터운 이들이 왜 저런 얕은 수로 잔머리

를 굴릴까 싶지만 그게 인간이요, 바로 우리들의 모습이랍니다.

✦ ✦ ✦

연약한 모습도 보였지만 확실히 두 사람은 달랐습니다. 조카인 롯의 가정과 함께 지내던 시절 가축이 불어나 두 가정이 갈라서기로 했을 때, 사라와 아브라함은 물을 댄 좋은 땅을 롯에게 양보했어요. 가축을 치는 유목민에게 땅이 얼마나 중요한지 생각해 보세요. 사라와 아브라함에게 하나님이 우리 인생을 책임진다는 배포가 없었다면 그러기 어려웠을 거예요. 또 한번은 소돔에 살던 롯이 전쟁 통에 포로로 잡혀가자 적군을 무찌르고 조카를 구해 왔는데 전투에 승리한 자가 당연히 챙겨야 할 막대한 전리품을 고스란히 소돔성에 돌려주었어요. 나중에 소돔의 왕이 "사라와 아브라함이 내 덕에 큰 부자가 되었지"라고 말할까 봐 말이죠. 자신들이 일군 재산이 하나님 덕이 아닌 인간의 덕으로 치부되는 것이 싫었던 거예요.

다시 말하지만 이런 멋진 두 사람의 삶도 순탄하지만은 않았어요. 둘의 자손이 하늘의 별처럼, 해변의 모래처럼 가득할 거라는 하나님의 약속과 달리 남들은 잘만 낳는 자식이 사라와 아브라함 사이에선 태어나지 않았어요. 그분의 약속이 언제 이뤄질지 기약이 없었어요. 이러다 자식도 없이 늙어 죽으면 하나님의 약속이 어떻게 이뤄질까 하는 염려가 생겼어요.

이집트에 내려갈 때처럼 다시 한번 인간의 꾀에 기대는 두 사람. 아브라함은 사라의 여종 하갈을 첩으로 들여 이스마엘이라는 아들을 낳습니다만 하나님은 둘 사이에서 태어난 자녀가 내 약속을 이어받을 것이라고 했어요. 노쇠한 데다 이미 사라는 폐경에 들었는데 두 사람이 아기를 갖는다니 가당치도 않지요. 그럼에도 너희 부부가 반드시 아기를 낳을 거라는 하나님의 장담에 사라는 웃음이 터졌어요.

그러나 하나님은 말실수가 없으신 분. 사라와 아브라함이 각각 90세와 100세가 되던 해에 그토록 기다리던 자식을 품에 안았어요. 이름은 '웃음'이란 뜻의 이삭. 사라가 웃은 덕분에 예쁜 이름이 생겼네요.

눈에 넣어도 아프지 않을 우리 웃음이. 돈엔 초연한 두 사람도 자식에게만큼은 초연하기 쉽지 않았을 거예요. 하지만 연륜이 쌓이면서 사라와 아브라함의 믿음도 나이만큼이나 넉넉해졌나 봅니다. 백 세가 되어 얻은 외아들을 하나님께 바칠 정도였으니까요. 하나님은 큰 기쁨으로 약속했어요.

"네가 하나밖에 없는 자식까지 아끼지 않았구나. 내 이름을 걸고 맹세한다. 너로 인해 세상 모든 백성이 복을 받을 것이다. 네가 복의 근원이 될 것이다."

　　사라와 아브라함의 인생은 떠나고 보냄의 연속이었습니다. 정든 가족을 떠나고, 안정된 삶의 기반을 떠났어요. 가축을 키우기 좋은 땅을 조카에게 보내고, 마땅히 가져도 될 재산을 소돔 왕에게 보냈어요. 긴 세월 훈련을 받은 두 사람은 마침내 사랑하는 자식까지 하나님에게 바칠 수 있었어요. 이렇게 하나님은 믿음의 한 가정을 부르고 다듬고 끝내 완성하셨답니다.

아이와 함께 드리는 기도

+ + + + + + + +

하나님, 고맙습니다.

사라와 아브라함이 하나님의 부름을 받아 어떻게 믿음의 가정으로 세워지는지 보여주셔서 고맙습니다. 저희도 하나님의 부름을 받아 가정을 이루었지만 때론 하나님보다 안정된 직장, 든든한 자산이 더 의지가 되기도 합니다. 게다가 우리 아이가 태어날 세상은 지금보다 더 경쟁이 치열해질까 걱정이 됩니다.

하나님, 예나 지금이나 인간은 안정감의 확보에 필사적입니다. 그런데 사라와 아브라함은 자신들의 손으로 일군 삶의 기반을 훌훌 내려놓고 하나님만이 궁극적인 안정감이라고 고백했습니다. 입술이 아닌 삶으로 고백했습니다. 두 사람이 믿음의 조상이라 불리는 까닭이겠지요. 우리 가정도 그 고백에 동참할 수 있을까요.

쉽지는 않겠지요. 하지만 우리 아이에게 하나님만 신뢰하고 하나님으로 만족하는 부모의 모습을 보이고 싶습니다. 그래서 우리 아이가 귀가 아닌 눈으로 신앙을 배우게 하고 싶습니다. 하나님, 저희의 연약한 믿음을 도와주소서.

하나님, 사라와 아브라함을 불러 복의 근원이 되는 가정을 손수 이루어나가신 것처럼 우리 가정도 복의 통로가 되도록 친히 빚어주세요. 오랜 세월이 걸리겠지요. 실패하고 낙담하는 일도 많을 겁니다. 사라와 아브라함처럼 갈 바를 알지 못하는 시간도 통과하겠지요. 마침내 이루실 주님 한 분만 바라보고 오늘도 주어진 걸음을 내딛습니다. 당신의 길을 가며 비틀거리는 우리를 어여쁘게 봐주세요.

예수님의 이름으로 기도합니다.
아멘.

엄마·아빠를 위한 묵상

✝ ✝ ✝ ✝ ✝ ✝ ✝ ✝

그때에 주님께서 말씀하셨다. "내가 앞으로 하려고 하는 일을, 어찌 아브라함에게 숨기랴? 아브라함은 반드시 크고 강한 나라를 이룰 것이며, 땅 위에 있는 나라마다, 그로 말미암아 복을 받게 될 것이다. 내가 아브라함을 선택한 것은, 그가 자식들과 자손을 잘 가르쳐서, 나에게 순종하게 하고, 옳고 바른 일을 하도록 가르치라는 뜻에서 한 것이다. 그의 자손이 아브라함에게 배운 대로 하면, 나는 아브라함에게 약속한 대로 다 이루어주겠다." (창세기 18:17~19 새번역)

하갈과
이스마엘

하나님은 사라와 아브라함에게 자식을 주겠다고 약속하셨지만 아기는 감감무소식이었어요. 이제나저제나 기다리던 두 사람은 어느새 많이 늙었어요. 겉으로 말은 안 해도 내심 포기를 했답니다. 그때 하갈이라는 아프리카 출신 여종이 사라의 눈에 들어왔어요. 사라가 아브라함에게 넌지시 물었어요.

"여보, 주님께서 내가 아이를 갖지 못하게 하시잖소. 그러니 여종 하갈의 몸을 빌려서 우리 집안의 대를 이으면 어떨까요."

아브라함은 사라의 말을 따랐고 하갈은 임신하였어요. 그런데 새 생명을 품은 하갈은 아이를 갖지 못하는 여주인을 깔보았어요. 사라는 아브라함에게 분통을 터뜨렸어요.

"내가 받는 이 고통은 당신 책임입니다. 나의 종을 당신 품에 안겨주었더니 자기가 임신한 것을 알고서 나를 멸시합니다!"

"여보, 하갈은 당신의 종이니 당신 좋을 대로 하세요."

아브라함의 말을 듣고 사라는 하갈을 괴롭혔어요. 하갈은 못 견디고 집을 뛰쳐나갔어요. 사막으로 달아난 하갈은 샘터에서 쉬며 목을 축였어요. 하나님의 천사가 하갈을 보고는 물었어요.

"사라의 종 하갈아, 네가 어디서 와서 어디로 가는 길이냐?"

"나의 여주인 사라에게서 도망하여 나오는 길입니다."

"너의 여주인 아래로 들어가 그를 잘 섬기도록 하여라."

주님의 천사는 이렇게 덧붙였어요.

"내가 너에게 많은 자손을 주겠다. 자손이 셀 수도 없을 만큼 불어나게 하겠다."

이 약속은 사라와 아브라함에게 한 약속과 다르지 않았어요. 주님의 천사는 말을 이어갔어요.

"너는 홀몸이 아니다. 아들을 낳을 테니 '하나님께서 들으신다'는 뜻을 담아 이름을 이스마엘이라고 지어라. 네가 고통 속에서 부르짖을 때 주님이 들어주셨다."

하갈은 하나님의 은총에 감격하여 소리쳤어요.

"내가 여기서 나를 돌보시는 하나님을 뵙다니! 내가 하나님을 뵙고도 이렇게 살아 있다니!"

그러면서 자신이 만난 하나님을 '지켜보시는 하나님'이라고 불렀고, 샘의 이름을 '나를 지켜보시는 살아 계신 분의 샘'이라고 지었어요. 하갈은 하나님의 말씀에 순종하여 집으로 돌아갔고 아들을 낳았습니다. 아브라함은 하갈이 낳은 아들을 이스마엘이라 이름하였습니다.

세월이 흘러 14년이 지났습니다. 마침내 주님의 말씀대로 사라와 아브라함 사이에서도 아들 이삭이 태어났습니다. 이삭은 무럭무럭 자랐습니다. 젖을 뗄 나이가 되자 아브라함은 이를 축하하는 큰 잔치를 벌였어요. 그런데 사라가 보니 이스마엘이 어린 이삭을 희롱하며 놀고 있네요. 이스마엘이 이삭의 경쟁자가 될까 염려했던 사라는 이때다 싶어 아브라함에게 따졌어요.

"저 여종과 그 아들을 내보내세요. 나의 아들 이삭이 받을 유산을 종의 자식과 나눌 순 없어요!"

그 말에 아브라함은 몹시 괴로웠습니다. 이스마엘도 자기 자식이니까요. 하나님이 아브라함에게 말씀하셨어요.

"아브라함아, 이스마엘과 하갈의 일로 근심하며 마음 아파하지 말거라. 사라의 말대로 하여라. 이삭에게서 난 자식이 네 뒤를 이을 것이다. 그러나 이스마엘도 네 아이니 그의 후손도 많이 불어나 큰 민족을 이루게 하마."

다음 날 아침 일찍 아브라함은 먹을거리 얼마와 물을 담은 가죽 부대를 하갈의 어깨에 메어주고 아이와 함께 내보냈습니다. 매정한 처사지만 하나님의 말씀을 신뢰했겠지요. 집을 떠난 하갈은 어디로 갈지 몰라 정처 없이 사막을 헤맸어요.

어느새 가죽 부대에 담긴 물이 다 떨어지고 이스마엘은 탈수로 쓰러졌어요.

"내 자식이 죽는 모습을 차마 볼 수가 없구나."

하갈은 탄식하며 이스마엘이 쓰러진 곳에서 화살을 쏘면 날아가는 거리만큼이나 떨어진 곳에 주저앉았습니다. 얼굴을 두 손으로 감싸 쥔 그는 이내 자식 쪽을 바라보다가 그만 울음을 터뜨리고 말았습니다. 물론 이스마엘도 울고 있었지요.

하나님께서 아이가 우는 소리를 들으셨어요. 아이의 이름이 '하나님이 들으신다'는 뜻인 이스마엘이니까요. 하늘에서 하나님의 천사가 하갈을 불렀습니다.

"하갈아, 왜 그러느냐? 무서워하지 말거라. 아이가 쓰러져 우는 소리를 주님이 들으셨다. 아이를 안아 일으켜라. 손을 꼭 잡아 달래주어라. 내가 저 아이에게서 큰 민족이 나오게 하겠다."

하나님이 두려움에 어두워진 하갈의 눈을 밝히자 하갈은 샘을 발견했어요. 그리고는 달려가서 가죽 부대에 물을 담아다가 탈진한 아이에게 먹였어요.

아이가 자라는 동안 하나님이 그 아이와 늘 함께 계시면서 돌보셨어요. 이스마엘은 광야에 살면서 탁월한 활잡이가 되었어요.

아이와 함께
드리는 기도

+ + + + + + + +

하나님 고맙습니다.

처음 사라의 학대를 피해 광야로 도망쳤을 때에도
나중에 사라에게 쫓겨나 광야를 방황할 때에도
하갈과 이스마엘의 고통을 들으신 하나님 고맙습니다.

고대사회에서 여자가 홀로
그것도 사막에서 자식을 키우기가 얼마나 고단하고 위험했을까요.
하지만 하나님이 늘 함께 계시면서 돌보아주셨지요.

홀어미를 각별히 맘에 두시는 하나님,
아버지 없는 자녀를 유난히 신경 쓰시는 하나님,
이 땅의 하갈과 이스마엘에게도
그들의 목소리를 들으시는 하나님이 되어주세요.

"내가 너로 큰 민족을 이루게 하리라."
주연인 사라와 아브라함에게 하신 약속을

조연인 하갈과 이스마엘에게도 해주신 하나님,
우리 아이가 조연으로 살아가더라도
큰 그릇으로 쓸지 작은 그릇으로 쓸지는 옹기장이가 정하는 것이니
하나님이 맡긴 몫을 우리 아이도 올바르게 살아내게 해주세요.

예수님의 이름 받들어 기도합니다.
아멘.

엄마·아빠를 위한 묵상

+ + + + + + + +

가련하고 빈궁한 사람들이 물을 찾지 못하여 갈증으로 그들의 혀가 탈 때에, 나 주가 그들의 기도에 응답하겠고, 나 이스라엘의 하나님이 그들을 버리지 않겠다. (이사야 41:17 새번역)

물에서
건져낸
아기

아주 지독한 흉년이 들어 사방 천지에 먹을 것이 똑 떨어졌어요. 하나님의 백성인 야곱의 가족들은 다 함께 이집트로 이민을 갔어요. 하나님은 야곱의 아들인 요셉을 이집트에 보내 거기에서 큰 공을 세우고 총리가 되게 했어요. 요셉 총리 덕분에 70명에 이르는 가족이 이집트에 가서 살 수 있었어요.

요셉이 살아 있을 적엔 이집트 왕인 파라오가 야곱 일가를 잘 대해주었습니다. 가축을 기르기에 좋은 땅을 내어주는 등 여러모로 배려했어요. 세월이 흘러 야곱이 죽고, 요셉도 죽고, 그 시대 사람들이 다 죽어서 하나님의 품으로 돌아갔습니다. 그사이에 야곱의 후손인 이스라엘 백성은 자식을 많이 낳고 번성하여 온 땅에 가득 찰 만큼 무섭게 불어났어요.

✦ ✦ ✦

나중에 요셉을 알지 못하는 사람이 왕이 되었는데 그는 점점 성장하는 이스라엘 백성을 두려워했어요. 새로운 파라오는 자기 백성을 모아놓고 말했어요.

"여봐라, 이스라엘 백성이 이렇게 크고 강해지다니 이거 큰일이구나. 이 땅에 전쟁이라도 일어나면 저들이 원수의 편에 붙어 우리를 치고 나라를 빼앗을지도 모른다. 내가 저들보다 강하다는 것을 보여주어야겠다."

파라오는 이스라엘 백성에게 강제로 노동을 시켰어요. 이스라엘 백성들은 공사 감독에게 끌려 나와 파라오의 곡식을 저장해 둘 성읍을 세웠어요.

　이집트 사람들이 억압할수록 이스라엘 백성의 숫자는 더 늘어났어요. 그러자 이집트인들은 이스라엘인을 혐오하면서 아주 혹독하게 부렸어요. 가혹한 땡볕 아래에서 진흙을 이겨 벽돌을 굽게 하고, 허리가 부러질 정도로 힘든 농사일을 시켰답니다. 이스라엘 사람이 지쳐서 일하는 속도가 느려지거나 더는 못 하겠다며 반항을 하면 이집트인 감독이 달려와 가차 없이 매질을 했어요.

✦ ✦ ✦

　파라오는 이것도 모자라 이스라엘 백성의 숫자를 줄이고자 잔인한 꾀를 내었어요. 이스라엘 산파 둘을 불러다가 끔찍한 명령을 내렸어요.
　"이스라엘 여자가 아기를 낳을 때 아들이 태어나면 몰래 죽이고 딸이면 살려두어라! 알겠느냐?"
　산파들은 파라오가 두려웠지만 살아 계신 하나님을 더 두려워했어요. 파라오의 말대로 하지 않고 사내아이들을 살려주었답니다. 파라오는 산파들을 불러들여 화를 냈어요.
　"어찌하여 일을 이따위로 하는 것이냐? 사내아이들이 살아 있지 않느냐!"

"임금님, 이스라엘 여인들은 이집트 여인과는 달리 기운이 좋습니다. 저희가 도착하기도 전에 아기를 낳아버리니 임금님 명령대로 할 기회가 없었습니다."

하나님을 두려워하는 산파들에게 하나님은 은혜를 베푸셨어요. 그들의 집안이 잘되고 후손은 번성했어요. 이스라엘 백성 역시 날로 무섭게 불어났습니다.

마침내 파라오는 대놓고 이집트 백성에게 명령을 내렸어요.

"이스라엘 여자가 아들을 낳으면 너희는 가서 아기를 빼앗아 강물에 던져버려라!"

당시 이집트에 살던 한 이스라엘 부부가 있었어요. 이들 부부는 딸 미리암, 아들 아론을 키웠는데 셋째를 갖게 되었어요. 기뻐해야 마땅하지만 아기 엄마는 걱정이 되었어요. 점점 부풀어 오르는 배를 쓰다듬으며 속으로 말했어요.

'아가야, 네가 만약 아들이면 엄마는 어떻게 해야 할까.'

아기 엄마는 이집트 사람의 눈을 피해 몰래 아기를 낳았어요. 아니나 다를까, 아들이었어요! 아기의 가족은 석 달간 몰래 아기를 길렀어요.

그러나 아기가 커가면서 더는 숨기기 어려워지자 엄마는 중대한 결심을 했어요.

　먼저 갈대로 엮은 뚜껑 달린 상자를 구해 왔어요. 상자에 물이 스며들지 않도록 역청과 송진을 꼼꼼하게 발랐어요. 그리고 아기를 상자 안에 뉘었어요.

　'하나님, 하나님이 주신 이 아이를 제발 지켜주세요……'

　떨리는 가슴으로 간절한 기도를 올렸어요. 마침내 아기 엄마는 상자를 갈대가 무성한 강가에 띄워놓았어요.

　그 모습을 지켜보던 딸 미리암이 엄마를 안으며 말했어요.

　"엄마, 제가 숨어서 동생을 지켜볼게요."

　그때 마침 파라오의 딸인 이집트의 공주가 시녀들과 함께 강에 목욕하러 나왔습니다. 공주는 갈대 수풀에 상자가 떠 있는 걸 보고 의아하게 여겼어요.

　"저기 웬 바구니가! 이리 가지고 와보렴."

　뚜껑을 열어보니 사내아이가 울고 있었어요. 공주는 불쌍한 맘이 들었어요.

　"이 아기는 분명 이스라엘 아기일 거야. 내가 발견했으니 내 자식으로 키워야겠다."

그때 갈대밭에 몸을 숨긴 미리암이 튀어나왔어요.

"공주님, 제가 아이에게 젖을 먹일 이스라엘 여자를 압니다. 필요하시면 데리고 올까요?"

"그래, 어서 다녀오너라."

미리암이 쪼르르 달려가서 엄마를 모셔 왔어요. 공주는 아기 엄마에게 말했어요.

"나를 대신해서 이 아기에게 젖을 먹이거라. 내가 돈을 대줄 테니 젖을 뗄 때까지 잘 키운 다음 내게 데리고 오거라."

아, 얼마나 감사한지요! 엄마는 아기를 되찾았고, 아기는 엄마 품에서 자랐어요. 그것도 공주의 보호를 받으며 말이죠. 공주보다 더 큰 하나님의 보호가 아기를 지켜준 덕분이지요.

✦ ✦ ✦

아이는 무럭무럭 컸어요. 때가 차서 아기 엄마는 공주에게 자식을 데려갔어요. 공주는 아이를 자기 아들로 삼았어요. 물에서 건져냈다는 뜻을 담아 모세라고 불렀어요.

훗날 모세는 하나님의 부름을 받아 이스라엘 백성을 이끌고 이집트를 탈출합니다. 이스라엘 백성들은 모세의 인도를 따라 홍해를 건너 하나님이 약속한 땅 가나안을 향해 나아갑니다.

아이와 함께
드리는 기도

+ + + + + + + +

하나님 고맙습니다.

큰 민족을 이루겠다고 사라와 아브라함에게 하신 약속을
모세의 시대에 와서 지키신 하나님.

사람의 심정으론 한없이 더디지만
주님의 때에 주님의 방법으로 이루는 섭리를 생각합니다.

그 과정에서 파라오와 공주를 사용해
뜻하신 바대로 역사를 써 내려가는 하나님을 봅니다.

오늘날에도 자신이 모든 걸 결정한다고 믿는 이들이 있지만
그들 뒤에서 세상을 쥐락펴락하는 하나님을 보게 해주세요.

이집트 땅을 모판˚으로 사용하다가

_____

˚ 모판 : 들어가서 손질하기 편하게 하기 위하여 못자리 사이를 떼어 직사각형으로 다
　　 듬어놓은 구역

때가 차니 그곳을 떠나게 하신 하나님,
우리가 잠시 머물러 사는 이 땅이
우리의 고향이 아님을 기억하게 해주세요.

왕보다 하나님을 두려워한 산파들의 믿음과 그 결과에 눈이 갑니다.
부모인 우리가 하나님을 경외하여 우리 자녀가 복을 받게 해주세요.

예수님의 이름에 기대어 기도합니다.
아멘.

엄마·아빠를 위한 묵상

✝ ✝ ✝ ✝ ✝ ✝ ✝ ✝

믿음으로 모세는 장성하여 바로의 공주의 아들이라 칭함받기를 거절하고 도리어 하나님의 백성과 함께 고난받기를 잠시 죄악의 낙을 누리는 것보다 더 좋아하고 그리스도를 위하여 받는 수모를 애굽의 모든 보화보다 더 큰 재물로 여겼으니 이는 상 주심을 바라봄이라. (히브리서 11:24~26 개역개정)

구 절 필 사

다음의 구절을 따라 적으며 하나님의 손길을 아기에게 들려주세요.

가련하고 빈궁한 사람들이 물을 찾지 못하여 갈증으로 그들의 혀가 탈 때에, 나 주가 그들의 기도에 응답하겠고, 나 이스라엘의 하나님이 그들을 버리지 않겠다. (이사야 41:17 새번역)

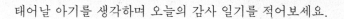

감 사 일 기

태어날 아기를 생각하며 오늘의 감사 일기를 적어보세요.

3

CHAPTER

하 나 님 이

일 하 시 는

이 야 기

✳ ✳ ✳

생명의 근원이신 하나님 고맙습니다.

한나에게 사무엘을 주시듯 우리에게 아기를 주셔서 고맙습니다.

높고 강하고 부유한 이들이 자신에게 도취하여 스스로를 높일 때

우리 하나님은 낮고 힘없고 가난한 이들을 들어 올려

그들의 눈물을 닦아주시고 힘 있는 이들을 부끄럽게 하시며

오직 주님만이 인생의 주관자임을 드러내십니다.

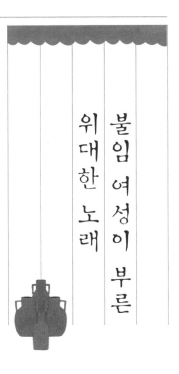

불임 여성이 부른
위대한 노래

하나님의 텐트인 성막 안에는 언약궤가 놓여 있었어요. 언약궤 안에는 모세가 하나님께 받은 십계명 돌판 두 개와 모세의 형 아론의 싹이 난 지팡이가 들어 있었어요. 이스라엘 백성이 이집트를 나와 광야에서 지낼 때 먹었던 만나를 담은 종지도 들어 있었어요. 언약궤는 하나님이 이스라엘 백성과 함께한다는 표시여서 모두가 귀하게 여겼답니다.

성막을 밝히는 등불이 아른거리자 언약궤는 더 신비롭게 보였어요.

성막 앞에 나온 백성들의 진심 어린 제사와 예배를 하나님은 기쁘게 받아주셨어요.

엘가나라는 사람은 매년 성막을 찾아와 하나님 앞에 제사를 드렸어요. 그때마다 두 아내 브닌나와 한나를 데리고 왔지요. 브닌나는 자식을 거느렸지만 한나는 자녀가 없었어요.

이스라엘 사람들은 제사가 끝나면 하나님께 제물로 바친 고기를 먹으며 다 함께 식사를 했어요. 엘가나는 고기를 처자식에게 고루 나누어 주었어요. 특히 사랑하는 한나에게는 다른 이보다 두 배나 많이 주었답니다. 하나님은 한나의 아기집을 막아두었지만, 엘가나는 한나를 변함없이 아껴주었어요.

브닌나는 남편이 자기보다 한나를 더 아끼자 질투심에 휩싸였어요. 브닌나는 한나가 애도 못 낳는 여자라며 비웃고 조롱했어요. 출산이 하나님의 은총이라 여기던 고대사회에서 자식이 없는 여성은 하나님께 버림받았다고 느꼈어요. 불임 여성을 바라보는 사회의 시선도 곱지 않아서 이중으로 고통을 받았어요. 브닌나는 안 그래도 힘겨운 한나를 스스로가 비참하게 여길 정도로 몰아붙였어요.

엘가나가 가족과 제사를 드리며 성막에 머무는 동안에도 브닌나의 괴롭힘은 그치지 않았어요. 한나는 목이 메어 남편이 주는 음식을 넘기지 못했어요. 엘가나는 한나를 위로했습니다.

"여보, 왜 울기만 해요? 어서 음식을 좀 들어요. 자식 열 명보다 나 하나가 더 낫잖아요?"

한나는 밥상을 물리고 하나님 앞에 나아갔어요. 그때 엘리 제사장은 평소처럼 성막 문 앞에 놓인 의자에 앉아 있었어요. 한나는 쓰린 가슴을 부여잡고 기도했습니다.

"전능하신 주님, 제 고통을 굽어보시고 저를 잊지 말아주세요. 제게 자식을 주시면 그 아이를 주님께 바치겠습니다!"

한나는 속으론 울부짖었지만 겉으론 소리 내지 않았어요. 원통한 심정을 쏟아내며 격렬하게 기도했지만 말없이 입술만 움직일 뿐이었어요. 그 모습을 본 제사장 엘리는 한나가 술에 취해 혼잣말을 하는 줄 알고 꾸짖었어요.

"아니, 언제까지 술주정을 할 셈입니까? 당장 술을 끊어요!"

한나는 눈물이 주르르 흐르는 얼굴을 들며 대답했어요.

"아닙니다, 제사장님. 저는 술 취한 게 아닙니다. 괴로운 마음을 가눌 길이 없어 주님 앞에 쏟아냈을 뿐입니다. 흑흑……."

"아, 그렇다면 미안합니다. 이제 평안히 돌아가세요. 주님께서 그대의 기도를 들어주실 겁니다."

한나는 그 길로 돌아가서 음식을 먹고 다시는 슬픈 기색을 띠지 않았어요.

한나가 간청한 대로 주님은 한나를 기억하고 마음에 두었어요. 네, 맞아요. 드디어 한나에게도 아기가 생겼어요! 배가 부르고 달이 차서 아들을 낳았습니다. '주님께 구해서 얻은 아들'이란 뜻을 담아 이름을 사무엘이라고 지었어요.

그해에도 어김없이 엘가나와 온 가족이 성막에 올라갔어요. 한나는 이번엔 동행하지 않기로 했어요.

"여보 엘가나, 나는 아이가 클 때까지 기다릴게요. 사무엘이 젖을 떼면 주님의 집에 데리고 가서 하나님을 뵙게 한 다음 평생 거기서 살게 하려고요."

"한나, 당신 생각대로 하세요. 하나님께서 그대의 바람을 이뤄주시기를."

사무엘은 무럭무럭 자라 부모님을 떠날 나이가 되었어요. 한나는 사무엘을 성막에 데려가서 엘리 제사장 앞에 세웠어요.

"제사장님, 저를 기억하세요? 예전에 제사장님이 지켜보는 앞에서 기도하던 사람입니다. 아이를 낳게 해달라고 간구했더니 주님께서 이렇게 들어주셨어요. 이제 이 아이를 주님께 바칩니다."

한나는 그렇게 하나님과 맺은 약속을 지켰어요. 그리고는 이렇게 노래했답니다.

✦ ✦ ✦

주님이 이내 마음을 기쁨으로 가득 채우셨어요.
이제 나는 주님 앞에서 얼굴을 들 수 있답니다.
원수들 앞에서도 자랑스럽습니다.
주께서 나를 구하셨기에 이내 기쁨이 큽니다.

세상천지에 주님과 같으신 분은 없습니다.
주님처럼 거룩하신 분이 없고, 우리 하나님 같은 반석은 없습니다.

힘센 용사의 활은 꺾이지만,
약한 군인은 우뚝 일어섭니다.
부유한 자들은 먹고살고자 품을 팔지만,
가난한 자들은 다시 굶주리지 않습니다.

자식을 못 낳던 여인은 일곱이나 낳지만,
아들을 많이 둔 여인은 홀로 남습니다.

주님은 사람을 죽이기도 하고 살리기도 하며,
땅속에 내리기도 하고 거기에서 올리기도 하십니다.

주님은 사람을 가난하게도 하고 부유하게도 하며,
낮추기도 하고 높이기도 하십니다.

흙바닥에 쓰러진 천민을 일으키며
잿더미에 뒹구는 빈민을 높이 들어서
귀인들과 한자리에 앉히고 영광스러운 자리를 차지하게 하십니다.

✦ ✦ ✦

그날로 사무엘은 성막에 머물며 엘리 제사장 밑에서 하나님을 섬겼어요.

한나는 엘가나와 함께 매년 주님 앞에 나왔고, 그때마다 한나는 겉옷을 지어 사무엘에게 입혔어요.

엘리 제사장은 흐뭇한 미소를 지으면서 한나와 엘가나를 축복했습니다.

"주님이 주신 아들을 다시 주님께 바쳤으니, 하나님께서 사무엘을 대신할 아이를 많이 주시길 바랍니다."

엘리의 축복대로 하나님은 한나에게 딸 둘과 아들 셋을 더 주셨어요. 사무엘도 주님 앞에서 잘 자랐습니다.

아이와 함께
드리는 기도

✝ ✝ ✝ ✝ ✝ ✝ ✝ ✝

생명의 근원이신 하나님 고맙습니다.
한나에게 사무엘을 주시듯
우리에게 아기를 주셔서 고맙습니다.

한나가 주님이 주신 아기를 다시 주님께 바친 것처럼
우리도 이 아이를 주님께 바칩니다.
기꺼이 그리고 진심으로 바칩니다.

한나가 성령의 감동으로 노래했듯이
우리의 생사화복이 다 주님께 달렸음을 고백합니다.

높고 강하고 부유한 이들이
자신에게 도취하여 스스로를 높일 때

우리 하나님은
낮고 힘없고 가난한 이들을 들어 올려
그들의 눈물을 닦아주시고

힘 있는 이들을 부끄럽게 함으로
오직 주님만이 인생의 주관자임을 드러내십니다.

그런 주님을 찬미하며
예수님의 이름으로 기도합니다.
아멘.

엄마·아빠를 위한 묵상

✝ ✝ ✝ ✝ ✝ ✝ ✝ ✝

나는 너희를 위하여 기도하기를 쉬는 죄를 여호와 앞에 결단코 범하지
아니하고 선하고 의로운 길을 너희에게 가르칠 것인즉 너희는 여호와
께서 너희를 위하여 행하신 그 큰일을 생각하여 오직 그를 경외하며 너
희의 마음을 다하여 진실히 섬기라. (사무엘상 12:23~24 개역개정)

사람의
중심을
보는
하나님

　사무엘은 커서 이스라엘의 제사장이 되었습니다. 이스라엘의 첫 번째 왕인 사울이 하나님의 뜻을 저버리자 사무엘은 마음 아파했어요. 주님께서 사무엘에게 일렀습니다.

　"사무엘아, 내가 사울을 버려 더는 왕으로 여기지 않는데 너는 언제까지 괴로워하느냐. 이제 뿔에 올리브유를 채워서 베들레헴에 사는 이새라는 사람에게 가거라. 내가 이미 이새의 아들 가운데 새 왕이 될 사람을 봐두었다. 암송아지를 끌고 가서 제사를 드릴 때 이새와 그 아들들을 제사에 불러라. 거기에서 내가 고른 사람에게 기름을 부어라."

+ + +

사무엘은 주님께서 시키신 대로 베들레헴에 도착해서 이새의 집안을 제사에 초청했습니다. 이새가 자식을 거느리고 오는데 맨 먼저 엘리압이 사무엘의 눈에 확 띄었습니다. 훤칠한 키에 잘생긴 엘리압을 보고 사무엘은 속으로 감탄했습니다.

'과연 주님이 택한 사람이 여기에 있구나!'

그러나 주님은 고개를 저었습니다.

"사무엘아, 그의 키와 얼굴을 보지 마라. 그는 내가 세운 사람이 아니다. 나는 보는 눈이 다르다. 사람은 외모를 보지만 나는 중심을 본다."

다음으로 이새가 아비나답을 불러서 사무엘의 앞으로 지나가게 했습니다.

"이 사람은 주님께서 뽑은 사람이 아닙니다."

이번에는 이새가 삼마를 불렀으나 사무엘의 대답은 같았습니다.

"이 사람도 주님께서 뽑은 사람이 아닙니다."

이새가 자기 아들 일곱을 모두 사무엘 앞에 선보였으나 사무엘은 그때마다 난감한 표정을 지었습니다.

"주님께서는 이들 가운데 그 누구도 택하지 않았습니다."

+ + +

사무엘은 이상하다 싶어 이새에게 물었습니다.

"여기 있는 아들이 전부입니까?"

"막내가 있긴 한데 지금 양 떼를 치러 나가고 없습니다."

"막내를 데려오세요. 그 전에는 제물을 바치지 않겠습니다."

이새가 사람을 보내어 막내아들을 데려왔습니다. 그는 눈이 빛나고 볼이 붉은 소년이었어요. 바로 다윗이었지요. 하나님은 기다렸다는 듯이 말씀하셨어요.

"바로 이 소년이 내가 점찍은 사람이다. 일어나 그에게 기름을 부어라!"

사무엘이 기름이 담긴 뿔을 들고 다윗에게 다가갔어요. 형들이 둘러서서 보는 가운데 다윗에게 기름을 부었습니다. 그러자 다윗에게 주님의 영이 내려와 그에게 머물렀습니다.

한편 사울의 형편은 정반대였어요. 사울에게서 주님의 영이 떠나자 악한 영이 그를 괴롭혔습니다. 보다 못한 신하들이 사울에게 이렇게 제안했어요.

"전하, 악한 영이 임금님을 어지럽히니 수금 연주자를 구하면 어떻겠습니까. 악한 영이 임금님을 덮칠 때 수금 소리를 들으면 기분이 좋아지실 겁니다."

"그리 하라. 수금을 잘 타는 사람을 찾아 내게 데려오라."

그때 젊은 신하 한 사람의 머릿속에 다윗이 떠올랐어요.

"전하, 베들레헴 사람 이새의 아들이 수금을 잘 탑니다. 그는 씩씩한 용사이고 말도 잘하며 아름다운 용모를 가졌습니다. 무엇보다 주님께서 그와 함께 계십니다."

✦ ✦ ✦

    사울이 이새에게 사람을 보내 다윗을 보내라고 명하였습니다. 다윗은 궁에 들어와 사울을 섬겼습니다. 사울은 다윗이 맘에 들어 자신의 곁에 두었습니다.

    악한 영이 사울에게 내리면 다윗이 수금을 연주했습니다. 그때마다 사울에게 내린 악한 영이 떠나고 사울의 기분이 상쾌해졌습니다.

아이와 함께
드리는 기도

✚ ✚ ✚ ✚ ✚ ✚ ✚ ✚

하나님 고맙습니다.

겉모습이 아닌
속사람을 보시는 하나님을 찬양합니다.

우리의 속사람이
하나님 눈에 합당한 사람이 되게 해주세요.

하나님은 보는 눈이 다르다고 하셨습니다.
우리도 하나님의 시선을 갖게 도와주세요.

사람을 거죽으로 판단하는 사회에서
외모가 아닌 중심을 보는 사람이고 싶습니다.

다윗에게 임한 성령님,
우리 가정에도 오세요.
우리 아가에게 함께하소서.

평생 우리를 떠나지 말고
우리와 반려해 주세요.
내딛는 걸음마다 길벗 해주세요.

예수님의 이름으로 구합니다.
아멘.

엄마·아빠를 위한 묵상

+ + + + + + + +

그는 메마른 땅에 뿌리를 박고 가까스로 돋아난 햇순이라고나 할까?
늠름한 풍채도, 멋진 모습도 그에게는 없었다. 눈길을 끌 만한 볼품도
없었다. (이사야 53:2 공동번역)

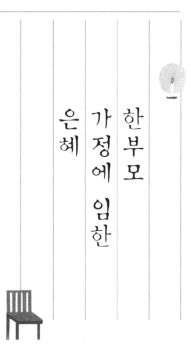

한부모 가정에 임한 은혜

이스라엘의 아합은 못된 왕이었습니다. 못된 왕이야 전에도 있었지만 아합은 최악이었습니다. 참된 하나님을 버리고 헛된 우상을 세우는 등 악한 짓만 골라서 했습니다. 하나님은 예언자 엘리야를 아합에게 보내 경고했습니다.

"아합 왕이여, 하나님께서 살아 계심을 두고 맹세합니다. 앞으로 여러 해 동안 심한 가뭄이 들 겁니다. 내가 다시 입을 열기까지 이 땅에 비는커녕 이슬 한 방울도 내리지 않을 겁니다."

담대하게 주님의 말씀을 전하고 나온 엘리야에게 하나님이 귀띔했어요.

"엘리야야, 아합이 너를 가만두지 않을 테니 지금 머무는 곳을 떠나서 요단강 건너편 그릿 골짜기에 숨어라. 목마르면 거기 시냇물을 마시거라. 배고프면 까마귀를 시켜서 음식을 날라주마."

엘리야는 주님이 이르신 대로 요단강 건너편 그릿 계곡에 몸을 감추었어요. 아침이 되니 놀랍게도 까마귀들이 빵과 고기를 갖다주었어요. 저녁에도 까마귀들이 나타나 음식을 배달했어요. 식사를 마친 엘리야는 시냇물을 마셨어요.

하나님이 경고하신 대로 비가 그치고 땅이 가물더니 나중엔 시냇물까지 바싹 말랐어요. 주님의 말씀이 다시 엘리야에게 임하였어요.

"엘리야야, 이제 너는 이곳을 떠나 이웃 나라 시돈의 사르밧에 가서 지내거라. 내가 그곳에 사는 한부모 가정을 준비해 두었다. 너는 그 집에서 먹고 자면 된다."

엘리야는 곧 일어나 사르밧으로 향했어요. 엘리야가 사르밧에 도착해서 성문 안으로 들어서니 때마침 한 과부가 땔감을 줍고 있었어요.

먼 길을 걸어온 엘리야는 목이 말랐어요.

"아주머님, 물 한잔 마실 수 있을까요?"

"네, 잠시만 기다리세요."

과부가 물을 가지러 가는데 엘리야가 한 가지 부탁을 더 얹었어요.

"저 혹시…… 먹을 것도 조금 갖다줄 수 있나요?"

그 여인은 암울한 표정으로 입을 뗐어요.

"당신이 섬기는 하나님이 살아 계심을 두고 맹세합니다만, 지금 내겐 빵 한 조각도 없어요. 밀가루 한 줌과 기름 몇 방울이 제가 가진 전부입니다. 내가 왜 땔감을 모았는지 아세요? 이걸로 불을 지펴 마지막 빵을 구워 아들과 먹고, 죽음을 맞으려던 참이었지요."

그 말을 듣고 엘리야가 대답했어요.

"너무 걱정하지 마세요. 방금 말씀하신 대로 집에 가서 식사 준비를 하세요. 다만 제가 먹을 것을 먼저 챙겨주십시오. 그런 다음에 아드님과 함께 음식을 드세요. 이 땅에 비가 다시 내릴 때까지 통에서 밀가루가 다하지 않고, 병에서 기름이 마르지 않을 겁니다. 주님이 그리 말씀하셨거든요."

그 여인은 엘리야의 말을 따랐습니다. 남은 밀가루와 기름을 탈탈 털어 빵을 구워 먹고 이튿날 일어나니 신기하게도 통에 밀가루와 병에 기름이 떨어지지 않았어요. 다음 날에도, 그다음 날에도 엘리야와 과부와 아들이 먹을 밀가루와 기름이 채워졌어요. 아무리 써도 줄지 않는 화수분처럼 말이죠. 과연 주님이 엘리야에게 하신 말씀 그대로 이루어졌습니다. 과부와 아들은 처음엔 뭔가에 홀린 표정을 짓더니 나중엔 하나님의 마법이라며 즐거워했어요.

✦ ✦ ✦

날마다 그치지 않는 하나님의 은총으로 한부모 가정은 살아남았어요. 살뜰한 하나님의 챙김을 누리던 어느 날, 과부의 아들이 덜컥 병에 걸렸어요. 안타깝게도 병세가 점점 나빠지더니 숨을 거두고 말았어요. 일찍이 남편을 보내고 아들만 보고 살던 어미는 하나밖에 없는 자식마저 죽자 살아갈 이유를 잃었어요. 여인은 눈물범벅이 된 채로 엘리야에게 넋두리를 했어요.

"하나님의 사람인 당신이 대체 무슨 일로 여기에 왔습니까? 왜 굳이 우리 집에 와서 내 죄를 드러내고 내 아들까지 죽게 합니까?"

"아주머니, 아들을 이리 내주세요."

엘리야는 다른 말은 하지 않고 어머니의 품에서 아이를 넘겨받았어요. 아이를 안고 자신이 묵는 다락방에 올라갔어요. 침대에 아이를 누인 엘리야는 주님을 향해 부르짖었어요.

"하나님, 나의 하나님, 저를 받아준 과부의 집에 어찌하여 이런 슬픔을 허락하셨나요? 어찌하여 하나뿐인 자식을 죽게 두시나요?"

엘리야는 몸을 엎드려 아이의 몸에 포갰습니다. 마치 자신의 체온을 전달하려는 듯 세 번이나 몸과 몸을 맞추고는 다시 온 힘을 다해 간구했어요.

"하나님, 나의 하나님, 제발 이 아이에게 숨을 돌려주세요!"

하나님이 엘리야의 기도를 들으셨어요. 떠나갔던 숨이 아이에게 돌아왔어요. 죽었던 아이가 살아났어요!

아이가 숨을 되찾자 엘리야는 아이를 안고 아래층으로 내려갔어요.

"보세요, 아주머니! 아이가 살아났어요!"

엘리야는 아이를 어머니에게 돌려주었어요. 여인은 믿을 수 없다는 표정을 지으며 눈물이 그렁그렁 고인 눈을 들어 엘리야에게 말했어요.

"이제야 당신이 참으로 하나님의 사람임을 알겠습니다. 하나님께서 당신을 통해 하시는 말씀이 참으로 진실임을 알겠습니다."

아이와 함께
드리는 기도

+ + + + + + + +

사랑의 주님,
고맙습니다.

가난한 과부의 집에 밀가루와 기름이 그치지 않게 하신 하나님,
우리 집과 우리 아이의 집에도 일용할 양식이 그치지 않게 해주세요.

가난한 과부에게 하나뿐인 자식을 돌려주신 하나님,
우리와 자녀가 분리될 때마다 다시 하나로 묶어주세요.

심한 가뭄이 들 때
하나님을 모르는 다른 나라 백성을 찾아가신 하나님,
주님이 우리 밖의 사람들을 따스하게 보살피는 분이라 감사해요.

허다한 사람 중에
의지할 데 없는 과부의 집을 찾아가신 하나님,
주님이 힘없는 사람을 향한 마음을 끊을 수 없는 분이라 찬양해요.

우리는 그런 하나님이 참 좋습니다.

하나님을 닮게 해주세요.

예수님의 이름으로 기도합니다.

아멘.

엄마·아빠를 위한 묵상

+ + + + + + + +

여러분의 하나님 여호와는 모든 신의 하나님이시며, 모든 주의 주시오.
여호와께서는 위대한 하나님이시며 강하고 두려운 분이시오. 불공평
한 일은 하지 않으시며 뇌물도 받지 않으시는 분이시오. 고아와 과부를
도와주시고, 외국인을 사랑하셔서 그들에게 먹을 것과 옷을 주시는 분
이시오. 여러분은 외국인을 사랑해야 하오. 이는 여러분도 이집트에서
외국인이었기 때문이오. (신명기 10:17~19 쉬운성경)

구 절 필 사

다음의 구절을 따라 적으며 하나님의 계획을 아기에게 들려주세요.

나는 너희를 위하여 기도하기를 쉬는 죄를 여호와 앞에 결단코 범하지 아니하고 선하고 의로운 길을 너희에게 가르칠 것인즉 너희는 여호와께서 너희를 위하여 행하신 그 큰일을 생각하여 오직 그를 경외하며 너희의 마음을 다하여 진실히 섬기라. (사무엘상 12:23~24 개역개정)

감 사 일 기

태어날 아기를 생각하며 오늘의 감사 일기를 적어보세요.

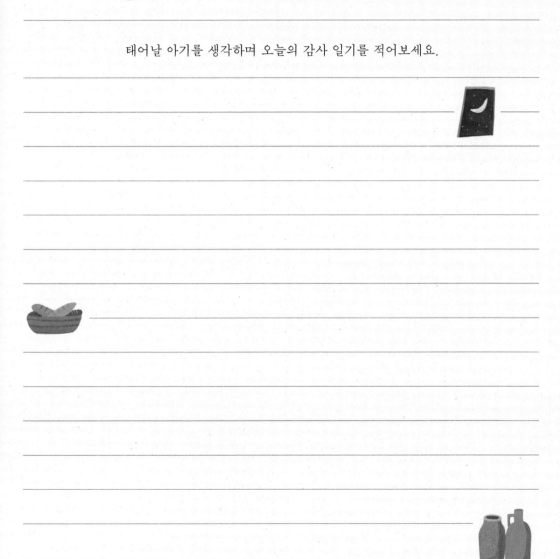

4

CHAPTER

자녀를 향한

사랑과 지혜의

이   야   기

✳ ✳ ✳

시와 지혜의 하나님, 시편과 잠언의 말씀이

우리 아이의 입술과 영혼에서 떠나지 않게 해주세요.

부모인 저의 목자가 되신 하나님, 우리 아이의 목자가 되어주세요.

평생을 좋은 것으로 흡족히 채우시고 그 젊음을 독수리처럼 새롭게 해주세요.

아이에게 가르쳐야 할 것을 잘 가르치는 부모가 되게 해주세요.

입술로 가르치기보다는 삶으로 가르치는 부모가 되게 해주세요.

엘리사와
두 어머니

엘리야가 세상을 떠나자 엘리사가 뒤를 이어 하나님이 살아 계심을 드러냈습니다. 엘리사는 예언자학교를 세워 주님의 말씀과 능력을 전할 사람을 훈련시켰습니다. 하루는 예언자 후보생의 아내가 엘리사를 찾아와 눈물을 흘렸습니다.

"예언자님, 여기 학생인 제 남편이 죽었습니다. 예언자님도 아시듯 그 사람은 하나님을 잘 섬겼습니다. 남편이 죽기 전에 돈을 좀 빌려 쓴 것이 있는데 빚쟁이 말이 빚을 갚지 않으면 우리 애 둘을 종으로 끌고 가겠답니다. 흑흑……."

엘리사는 여인을 돕고자 물었습니다.

"제가 어떻게 도와드리면 좋을까요. 집에 무엇이 남았습니까?"

"작은 기름 한 병이 전부입니다. 그 밖엔 아무것도 없습니다."

"그럼 이웃에게 빈 그릇을 빌리세요. 최대한 많이 빌려 오세요. 두 아들과 함께 집에 들어가서 문을 닫고 얻어 온 그릇을 바닥에 쫙 펼쳐놓으세요. 그런 다음 갖고 있는 기름을 부어 그릇마다 가득 채우세요."

그 이상한 말을 믿고 여인은 두 아들과 함께 각종 용기를 구해 왔어요. 여인은 집에 돌아와 문을 잠그고 아들이 갖다 대는 그릇에 기름을 따라 부었어요. 그다음엔 병, 그다음엔 항아리. 신기하게도 기름이 그치지 않고 계속 나와서 빈 용기를 채웠어요. 여인은 아이들에게 그릇을 더 가져오라고 했어요.

"엄마, 이제 남은 그릇이 없어요."

그러자 마르지 않고 흐르던 기름이 멈추었어요. 여인은 엘리사에게 가서 일어난 일을 알렸어요. 하나님의 사람은 다정하게 말했어요.

"기름을 팔아 빚을 갚고 남는 돈은 세 식구의 생활비로 쓰세요."

✦ ✦ ✦

하루는 엘리사가 수넴이라는 지역을 지나가는데 그 동네의 부유한 여인이 엘리사를 식사에 초대했어요. 그 뒤로 엘리사는 수넴에 들를 적마다 그 여인의 집 식탁에서 교제를 나누었어요. 엘리사가 하나님의 사람이라고 믿은 여인은 그가 쉬어가도록 다락방을 만들어주었어요. 엘리사는 수넴 여인의 환대가 고마워서 뭔가 보답하려고 했어요. 하지만 여인의 대답은 담백했어요.

"아닙니다. 저는 백성과 한데 어울려 잘 지내고 있습니다."

엘리사는 비서인 게하시에게 수넴 여인을 위해 무엇을 하면 좋을까 물었어요. 게하시가 이 집은 아들이 없고 남편이 늙었다고 귀띔하자 엘리사는 여인을 다시 불렀어요.

"내년 이맘때에 당신은 아들을 품에 안을 겁니다."

"어유, 그런 말씀 마세요. 하나님의 사람이 농담을 하시다니요."

농담이 아니었어요. 여인은 임신하였고 이듬해에 정말 아들을 낳았답니다.

아이는 무럭무럭 자랐어요. 어느 날 아이가 밭에서 일꾼들과 함께 추수하는 아버지에게 갔다가 갑자기 "아이구 머리야! 아이구 머리야!" 하고 소리를 질렀어요. 아버지는 하인에게 아이를 엄마에게 데려다주라고 했어요. 아이는 집에 가서 정오까지 엄마 무릎 위에 누웠다가 덜컥 죽고 말았어요.

수넴 여인은 엘리사가 묵었던 방의 침대에 아들을 눕히고 나귀에 올랐어요. 나귀를 모는 하인에게 엘리사가 있는 갈멜산까지 전속력으로 달리라고, 자신이 지시할 때까지 속도를 늦추지 말라고 했어요.

여인이 갈멜산에 이르자 엘리사는 멀리서 그를 보고 게하시를 내려보내 안부를 물으라고 했어요. 여인은 게하시에게 모두 잘 지낸다고 말하고는 단숨에 산 위에 올라 엘리사의 다리를 끌어안았어요. 게하시가 깜짝 놀라 여인을 밀어내려고 하자 엘리사가 말렸어요.

"그냥 두세요. 이분에게 가슴 아픈 일이 생겼는데 주님께서 제게 그 이유를 감추고 말씀하시지 않았습니다."

여인이 입을 열었어요.

"선생님, 제가 언제 아들을 갖게 해달라고 했습니까? 하나님의 사람이 저 같은 하찮은 여자에게 허황된 꿈을 안겨주면 안 된다고 하지 않았습니까!"

그러자 엘리사가 게하시에게 지시했어요.

"서둘러 내 지팡이를 갖고 수넴으로 가세요. 가다가 누굴 만나도 아무에게도 인사하지 말고, 다른 사람이 인사해도 받지 말고 급히 가서 이 지팡이를 아이의 얼굴에 놓아두세요.”

그러나 여인은 엘리야를 향해 단호하게 말했어요.

“주님의 이름으로 맹세하건데 선생님이 여기에 계시는 한 저는 선생님 곁을 떠나지 않겠습니다.”

어쩔 수 없이 엘리사는 여인을 따라나섰습니다. 게하시가 앞서 달려가 엘리사의 지팡이를 아이 얼굴에 놓았으나 아이는 미동도 없고 소리도 내지 않았습니다. 엘리사가 도착하여 들어가 보니 아이가 침대 위에 죽어 있었어요.

엘리사는 문을 닫고 하나님께 기도했어요. 자신의 입과 눈과 손을 아이의 입과 눈과 손에 맞대고 엎드렸어요. 아이의 몸이 점점 따뜻해졌어요. 엘리사는 침대에서 내려와 방 안을 이리저리 걸어 다니다가 다시 올라가서 그 아이 위에 엎드렸어요. 그러자 아이가 재채기를 일곱 번 하고 눈을 떴어요!

엘리사는 게하시에게 아이 엄마를 불러오라고 하였어요. 여인이 들어오자 엘리사가 말했어요.

“아들을 데려가세요.”

수넴 여인은 엘리사의 발 앞에 엎드려 절하고는 아들을 안고 나갔습니다.

아이와 함께
드리는 기도

+ + + + + + + +

사랑의 하나님 고맙습니다.

빚을 지고 삶의 끝자락에 몰린 이들을 도우시는 하나님,
오늘날에도 부득이 빚의 늪에 빠져 나오지 못하는 이웃이 많습니다.
희년을 선포하사 빚의 노예가 된 분들을 해방하고
새 삶의 길을 열어주세요.

수넴 여인에게 아이를 주시고 죽은 자식을 살리신 하나님,
우리 가정에게도 새 생명을 선물하셨으니 끝까지 지켜주세요.

전속력으로 나귀를 몰고 갈멜산을 단숨에 오르던 어머니,
엘리사가 동행하지 않으면 곁을 떠나지 않겠다는 어머니,
그 어머니의 모습에서 자식을 살리겠다는 간절함과
그 누구보다 하나님만 의지하는 절절함이 읽힙니다.

세상 모든 어버이의 심정이 이러하겠지요.
그 어버이의 사랑에서 하나님 아버지의 사랑을 엿봅니다.

고맙습니다.

사랑합니다.

예수님의 이름으로 기도합니다.

아멘.

엄마·아빠를 위한 묵상

✝ ✝ ✝ ✝ ✝ ✝ ✝ ✝

하나님 아버지 앞에서 정결하고 더러움이 없는 경건은 곧 고아와 과부를 그 환난 중에 돌보고 또 자기를 지켜 세속에 물들지 아니하는 그것이니라. (야고보서 1:27 개정개역)

시와
지혜

주님은 나의 목자, 내게 부족함 없어라. 나를 푸른 풀밭에 누워 놓게 하신다. 맑은 물가로 이끌어 쉬게 하신다. 이내 영혼이 되살아난다. 참 목자시니 나를 올곧은 길로 인도하시는구나.

음산한 죽음의 골짜기를 지나도 주님이 길벗 하시니 무서울 것 전혀 없구나. 막대기와 지팡이로 날 지키시니 걱정할 것 없구나.

원수들 보라는 듯 한 상 차려주시고 이내 머리에 기름을 부어주시니

내 잔이 넘칩니다. 한평생 은총과 복에 겨워 사는 이 몸, 영원히 주님 집에 살겠습니다.

✦ ✦ ✦

내 영혼아, 주님을 노래하라.
내 속에 있는 것들아, 그 거룩한 이름을 찬송하라.
내 영혼아, 주님을 찬미하라.
주님이 베푼 모든 은총을 잊지 마라.
주님은 네 모든 죄를 용서하고 네 모든 병을 고치신다.
네 목숨을 수렁에서 건지고 사랑과 자비의 관을 씌우신다.
네 평생을 좋은 것으로 가득 채우고
네 젊음을 독수리처럼 늘 새롭게 하신다.
주님은 정의를 펴서 억눌린 모든 자들의 권리를 찾아주신다.
모세에게 당신의 뜻을 밝히고
이스라엘 자손에게 그 장한 일을 알리셨다.

주님은 자비롭고 은혜로우며 노하기를 더디 하며 사랑이 넘치신다.
끝까지 따지지 않으며 화를 오래 품지 않으신다.

우리 죄를 그대로 갚지 않고 우리 잘못을 그대로 갚지 않으신다.

하늘이 땅에서 높듯이 주를 경외하는 자에게 그 사랑이 크도다.

동이 서에서부터 멀 듯 우리의 허물을 멀리 치우시며,

부모가 자식을 불쌍히 여기듯 주를 경외하는 자를 불쌍히 여기신다.

주님은 우리의 됨됨이를 알고 우리가 한낱 먼지임을 알기 때문이다.

인생은 풀과 같은 것. 들에 핀 꽃처럼 한번 피었다가도

스치는 바람결에도 이내 사라져 그 있던 자리조차 알 수 없는 것.

그러나 주님을 경외하는 사람은

그 사랑이 영원에서 영원까지 흐르고,

주의 의로움이 자손 만 대에 미치리라.

주님과 맺은 언약을 지키고 주님의 법을 따르는 자에게 미치리라.

주님은 그 보좌를 하늘에 두고서 온 누리를 다스리신다.

천사들아, 주의 말씀을 듣고 살아낼 능력이 있는 용사들아,

주를 찬양하여라.

주의 군대여, 그분의 뜻을 실천하는 종들이여, 주를 찬미하여라.

주님이 지은 사람들아, 주가 다스리는 모든 곳에서

주님을 찬송하여라.

내 영혼아, 주님을 노래하여라.

+ + +

주님이 집을 세우지 않으면 건축가의 애씀이 헛되고
주님이 성을 지키지 않으면 파수꾼의 눈 뜸이 헛일이다.
일찍 일어나 밤늦게 누우며 살아가려고 애면글면함이 덧없다.
주님은 사랑하는 이들에게 쉼을 선물하기 좋아하신다.

자녀는 주님이 허락한 최상의 선물,
사랑의 열매는 그분이 후히 내리는 유산이다.
젊고 건강한 시절에 낳은 아이는
용사의 손에 들린 화살과 같다.

오, 화살통에 자녀가 가득한 부모는 얼마나 복된지!
성문에서 원수들과 담판을 지을 때 수치를 당하지 않는다.

+ + +

주님을 두려워하는 것이 지식의 근간입니다.
어리석은 자는 지혜와 훈계를 비웃습니다.

자녀들이여, 아버지의 훈계를 새기고
어머니의 가르침을 버리지 마세요.
이는 그대의 머리에 쓸 아름다운 관이요,
당신의 목에 걸 목걸이입니다.

그대를 낳아준 아버지의 말씀을 따르고
그대의 늙은 어머니를 업신여기지 마세요.
진리를 팔아넘기지 말고 사들이세요.
지혜와 훈계와 명철도 사들이세요.
자식이 바르게 살면 아버지의 기쁨이 큽니다.
지혜로운 자식을 낳았으니 어찌 즐겁지 않을까요.
그러니 당신의 아버지를 웃게 해드리세요.
특히 당신을 낳은 어머니를 즐겁게 해드리세요.

✦ ✦ ✦

주님을 두려운 마음으로 섬기는 사람에겐
안전한 요새가 생깁니다.
이것이 자녀에게도 피난처가 됩니다.

세 살 버릇 여든 갑니다.

마땅히 걸어야 할 길을 아이에게 가르치세요.

그러면 늙어서도 그 길을 떠나지 않습니다.

✦ ✦ ✦

재산이 적어도 주를 경외하며 사는 편이

재산이 많아서 싸우며 사는 것보다 낫습니다.

값싼 채소를 먹으며 서로 사랑하는 편이

비싼 소를 먹으며 서로 미워하는 것보다 낫습니다.

의롭게 살며 적게 버는 편이

불의하게 살며 많이 버는 것보다 낫습니다.

부자가 되려고 애쓰지 말고 그런 생각마저 버리세요.

한순간에 없어질 재물에 연연하지 마세요.

재산은 날개를 달고 독수리처럼 하늘로 날아가 버립니다.

욕심이 많은 자는 다툼을 일으키지만

주님을 의지하는 자는 풍족해집니다.

＋ ＊ ✦

말이 많으면 실수도 잦기 마련입니다.
지혜로운 자는 입술을 꼭 다뭅니다.

말조심하는 자는 제 목숨을 지키지만
입을 함부로 놀리는 자에겐 멸망이 옵니다.

사연을 다 듣지 않고 대답하는 자는
수치를 자초하는 미련퉁이입니다.

다른 사람의 뒷말을 즐기는 자의 말은 별식과 같아서
배 속 깊은 데로 내려갑니다.

＋ ＊ ✦

미련한 자는 당장 화를 내지만
슬기로운 자는 모욕을 받아도 참고 덮어둡니다.

화를 쉽게 내는 사람은 다툼을 일으키지만
성을 더디 내는 사람은 싸움을 그치게 합니다.

부드러운 대답은 화를 식히지만
거친 말은 화를 돋웁니다.

노하기를 더디 하는 사람은 용사보다 낫고
자기를 다스릴 줄 아는 자는 성을 정복하는 자보다 위대합니다.

✦ ✦ ✦

마음을 다하여 주님을 의뢰하고
자신의 명철을 의지하지 말기를.
모든 일에서 주님을 인정하기를.
그리하면 당신의 길을 곧게 하십니다.

모사(謀事)는 재인(在人)이나
성사(成事)는 재천(在天)입니다.
즉, 일을 계획하는 것은 사람이나

일을 이루시는 것은 주님입니다.

사람의 행동이 자기 눈에는 깨끗해 보이나
주님은 속내를 꿰뚫어 보십니다.
하려는 일을 주께 맡기세요.
그대가 품은 뜻이 이루어질 겁니다.

아이와 함께
드리는 기도

✝ ✝ ✝ ✝ ✝ ✝ ✝ ✝ ✝

시와 지혜의 하나님,
시편과 잠언의 말씀이
우리 아이의 입술과 영혼에서 떠나지 않게 해주세요.
부모인 저의 목자가 되신 하나님,
우리 아이에게도 목자가 되어주세요.
주님을 향해 든 잔이 넘치게 해주세요.
주님이 베푸신 은총을 잊지 않게 해주세요.
평생을 좋은 것으로 흡족히 채우시고
그 젊음을 독수리처럼 새롭게 해주세요.

하나님과 평생 길동무하게 해주세요.
주님과 동행하지 않으면 모든 수고와 애씀이 헛됨을 알게 해주세요.
지식과 정보가 넘치는 세상에서 지혜를 구하는 사람이 되게 해주세요.
주님을 경외하는 것이 슬기로운 삶의 터전임을 명심하게 해주세요.
자신의 분노와 욕심과 입술을 잘 다스리는 사람이 되게 해주세요.
그렇다고 해서 감정과 욕망을 억압하지 말고 되레 긍정하게 해주세요.

아이에게 가르쳐야 할 것을 잘 가르치는 부모가 되게 해주세요.
입술로 가르치기보다는 삶으로 가르치는 부모가 되게 해주세요.

예수님의 이름으로 손 모읍니다.
아멘.

엄마·아빠를 위한 묵상

✝ ✝ ✝ ✝ ✝ ✝ ✝ ✝

시와 찬미와 신령한 노래로 서로 화답하며, 여러분의 마음으로 주님께 노래하며 찬송하십시오. 모든 일에, 늘 우리 주 예수 그리스도의 이름으로 하나님 아버지께 감사를 드리십시오. (에베소서 5:19~20 표준새번역)

예술가
산파
유모 하나님

주님은 나를 샅샅이 살피고 내 모든 삶을 들여다보세요.

앉거나 서거나 주께서는 다 아세요. 멀리서도 내 생각을 가늠하세요.

길을 가거나 누워 있거나 주께서는 다 보세요.

내 모든 행실을 헤아리십니다.

말하지 않아도 내 입에 무슨 말이 담겼는지 다 읽으십니다.

내가 주의 영을 피해 어디로 가며

주의 얼굴을 피해 어디로 달아날까요.
내가 하늘을 날아올라도 거기 계시고
내가 어둠 속에 자리를 펴도 거기 계세요.
내가 새벽 날개를 치며 동녘으로 가고
바다 끝 서쪽으로 가서 머물러도,
거기에서도 주님의 손이 나를 이끌고
주의 오른손이 나를 꼭 붙드세요.

하나님, 주님은 예술가입니다.
우주와 만물을 친히 지은 하나님께서
이 세상이 생기기도 전에 나를 택하고 사랑하셨어요.
어머니 복중에서 조물조물 친히 나를 빚으셨어요.
팔과 다리, 머리와 심장, 숨 쉬는 폐,
밥을 소화하는 위, 얼굴의 눈 코 입까지
하나님의 손으로 매만지지 않은 것이 없답니다.

아, 이런 내가 있다는 놀라움, 당신이 하신 일의 놀라움,
이 모든 신비…… 저는 벅찬 가슴으로 하나님을 노래할 뿐이지요.

하나님은 이내 몸을 속속들이 다 아시는 분!

아무도 보지 못하는 저 은밀한 곳, 엄마 배 속에서 제가 자랄 때

뼈마디 하나, 실핏줄 하나 당신께 숨겨진 것 전혀 없었어요.

엄마의 자궁에서 꼴을 갖추기도 전에 하나님이 저를 주목하셨어요.

사랑이 뚝뚝 떨어지는 눈길로 저를 지켜보셨어요.

제 생김새와 됨됨이를 당신의 책에 조목조목 적어두셨어요.

나는 너를 모태에서 짓기 전에 이미 알았단다.

네가 태어나 세상 빛을 보기도 전에

나는 이미 너를 향한 거룩한 계획을 세워두었단다.

세상에 나를 드러낼 사람으로 나는 너를 세웠단다.

하나님, 주님은 산파입니다.

주님, 주님 말고는 제게 희망이 없습니다.

주님, 어려서부터 저는 주님만을 믿어왔습니다.

저는 태어날 때부터 주님을 의지했습니다.

어머니 배 속에서 나올 때에 나를 받아주신 분도 바로 주님이셨기에

내가 늘 주님을 찬양합니다.

제가 어머니 배 속에서 열 달을 자라 세상에 첫 선을 보일 때
엄마가 온 힘을 모으고 나를 아는 모든 이들이 손을 모을 때
하나님은 마치 동네 아기를 다 받아본 능숙한 산파의 손길로
나를 받아주셨어요.

의사의 손에 앞서 나를 받아주신 주님을 찬양합니다.
이 땅에 첫 발을 내딛을 때
다른 이가 아닌 하나님이 저를 안아주셔서 얼마나 감사한지요!

우주를 낳으신 주님께서 저 하나 낳는 것이야 대수이겠느냐마는
천하보다 더 귀하게 여기는 손길로 이내 탯줄을 잘라주셨어요.

하나님, 주님은 유모입니다.
젖가슴 달린 엘 샤다이의 하나님이십니다.
저를 만드시고 저를 받아주신 하나님이
저를 먹이고 기르십니다.

엄마의 가슴을 헤치고 젖을 무는 동안
하나님의 신령한 젖을 빨게 하셨어요.

갓난아기도 다 큰 어른도
하나님의 따뜻한 품에 얼굴을 묻은 사람은
세상이 줄 수 없는 평화를 누리고
세상이 줄 수 없는 양식을 맛보며 살아갑니다.

하나님의 말씀을 찾는 세상의 모든 젖먹이들을
주님은 배불리 먹이십니다.

아이와 함께
드리는 기도

+ + + + + + + +

하나님 고맙습니다.
예술가이자 산파요, 유모이신 하나님을 찬미합니다.

예술가 하나님,
우리 아기가 배 속에서 건강하길 기도하지만
세상이 험하다 보니 혹시 잘못되지는 않을까 겁이 납니다.
미세먼지니 미세플라스틱이니 하는 말들이 늘어날수록
우리 아가의 이목구비와 오장육부를 친히 빚으시는
하나님만을 의지합니다.

산파 하나님,
열 달을 준비하고 또 준비했지만
만삭이 되고 해산일이 다가오면
우리 아기가 무사히 태어날지 겁이 납니다.
세상 어떤 의사나 산파보다 경험 많은 하나님,
우리 아가를 안전하게 받아주셔서
엄마 품에서 건강한 첫 울음을 터뜨리도록 해주세요.

유모 하나님,
우리 아기가 태어나면 엄마의 젖을 잘 먹어야 할 텐데
몸도 덜 풀린 상태에서 젖이 잘 돌지,
분유를 먹이면 아기의 입과 장에 잘 맞을지 염려가 됩니다.
이 세상 모든 생명의 젖줄이신 엘 샤다이의 하나님,
친히 우리 아가에게도 젖을 물리사 잘 먹고 잘 크게 해주세요.
우리 아가의 인생길마다 하늘의 신령한 젖으로 먹이시고
하나님의 가슴에 안겨 세상이 알 수도 줄 수도 없는
평화를 누리게 해주세요.

예수님의 이름으로 기도합니다.
아멘.

엄마·아빠를 위한 묵상

✝ ✝ ✝ ✝ ✝ ✝ ✝ ✝

당신은 나를 모태에서 나게 하시고, 어머니 젖가슴에 안겨주신 분, 날 때부터 이 몸은 당신께 맡겨진 몸, 당신은 모태에서부터 나의 하나님입니다. (시편 22:9~10 공동번역)

구 절 필 사

다음의 구절을 따라 적으며 하나님의 지혜를 아기에게 들려주세요.

당신은 나를 모태에서 나게 하시고, 어머니 젖가슴에 안겨주신 분, 날 때부터 이 몸은 당신께 맡겨진 몸, 당신은 모태에서부터 나의 하나님입니다. (시편 22:9~10 공동번역)

감 사 일 기

태어날 아기를 생각하며 오늘의 감사 일기를 적어보세요.

5

하 나 님 이

오 시 는

이 야 기

✳ ✳ ✳

말똥이 구르는 마구간에서 태어나 말 밥통에 누인 아기 예수님,
그분을 처음 알현하러 온 이들이 평소 경멸의 대상이던 목자들과
당시 유대인에게 사람 취급받지 못한 이방인,
그것도 하나님이 금지하던 점성술사라는 사실 앞에서
인간으로 오신 하나님이 펼쳐낼 나라가 어떠할지 슬쩍 엿봅니다.
우리가 그 나라의 일부가 되게 해주세요.
하나님나라의 꿈이 이루어지게 해주세요.

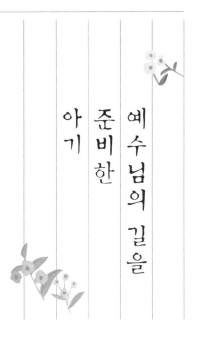

예수님의 길을 준비한 아기

제사장 사가랴는 성전에 머물기를 좋아했어요. 어두움을 밝히는 촛불과 제단 주위를 흐르는 향기를 접하면 그의 영혼은 고즈넉해졌어요.

사가랴는 성전을 사랑했지만 무엇보다 성전에 계신 하나님을 사랑했어요. 백성들 눈에도 사가랴는 다른 제사장과는 달랐어요. 제사를 일로 여기지 않고 진심으로 하나님을 섬기는 모습이 보였거든요. 그의 아내 엘리사벳도 하나님 앞에 올바른 사람이었습니다. 두 사람은 주의 말씀을 따라 사는 흠 없는 부부였어요. 그런데 이들에게는 자식이 없었습니다. 엘리사벳의 몸이 임신이 어려운 데다 두 사람 다 아기를 갖기엔 너무 나이가 들었습니다.

어느 날 사가랴는 성전에 들어가 향을 피우는 사람으로 뽑혔어요. 그가 향을 피워 올리는 동안 백성들은 밖에서 기도를 하고 있었습니다. 사가랴가 유향을 채운 쟁반에 숯불을 가져다 놓는데 누가 분향 제단 오른쪽에 우두커니 서 있지 뭐예요! 화들짝 놀란 사가랴는 숯불을 떨어뜨릴 뻔했어요.

"두려워하지 말아요, 사가랴. 나는 하나님이 보낸 천사 가브리엘입니다. 그대 부부의 기도를 하나님께서 들으셨어요. 엘리사벳이 아들을 낳을 겁니다. 이름을 요한이라고 하세요. 요한은 부모에게만 아니라 온 백성에게 기쁨이 될 겁니다. 엄마 배 속에서부터 성령으로 충만해져서 많은 사람들을 주께로 돌아오게 할 겁니다. 요한은 백성들이 주님을 맞이하도록 준비시킬 거예요."

놀란 맘을 진정시킨 사가랴가 겨우 입을 열었어요.

"저는 이미 늙었고 제 아내도 나이가 많은데 어떻게 아기가 생기겠습니까?"

"하나님께서 이 기쁜 소식을 전하라고 저를 보냈건만 그대는 믿질 않는군요. 아기가 태어날 때까지 당신은 말을 하지 못하게 될 겁니다."

백성들은 성전에 들어간 사가랴가 한참이나 나오질 않자 이상하게 여겼어요. 드디어 사가랴가 밖으로 나왔지만 아무 말도 할 수 없었습니다. 손짓 발짓을 할 뿐이었지요. 사람들은 그가 환상을 보고 말문이 막힌 줄 알았답니다.

사가랴가 집으로 돌아가고 얼마 지나지 않아 엘리사벳에게 아기가 생겼어요! 엘리사벳은 기쁨에 겨워 감사의 기도를 올렸어요.

"주께서 저를 돌아보사 생명을 주셨습니다. 사람들에게 받은 부끄러움을 없애주셨습니다."

어느덧 달이 차고 해산할 날이 돼서 엘리사벳은 아들을 낳았어요. 주님께서 엘리사벳에게 베푼 큰 은혜의 소식을 듣고 이웃과 친척들이 다 함께 기뻐했어요.

아이가 태어난 지 8일째가 되자 할례를 받게 하려고 사람들이 찾아왔습니다. 그들은 당시 풍습대로 아이 이름을 아빠의 이름을 따라 '사가랴'라고 적으려 했어요. 그러자 아기 엄마인 엘리사벳이 말렸어요.

"안 됩니다! 아기 이름은 요한으로 해야 합니다."

사람들은 황당한 표정을 지었습니다.

"네? 이 집안에 요한이란 이름을 가진 사람은 하나도 없는데요?"

사람들은 아빠인 사가랴에게 아이를 무슨 이름으로 부를지 물었습니다. 여전히 말을 못 하던 사가랴는 쓸 것을 달라고 하더니 거기에 이렇게 적었어요.

'아기 이름은 요한입니다.'

사람들은 다들 고개를 갸우뚱하며 이상하게 여겼어요. 그런데, 보세요! 사가랴의 입이 열리고 혀가 풀렸어요.

그는 하나님을 찬양했고 주위 사람들은 다 두려워했어요. 이 이야기는 온 유대 마을로 퍼졌어요. 사람들은 요한의 이야기를 하며 서로 물었어요. "그 아이는 장차 어떤 인물이 될까?" 이는 주님의 손길이 아이를 덮고 있기 때문이었지요.

✦ ✦ ✦

아기 요한은 심령이 굳건한 사람으로 자라났어요. 요한은 백성들 앞에 나타나기까지 사막에서 지냈어요. 낙타 털옷을 걸치고 허리에 띠를 두른 그는 메뚜기와 야생꿀을 먹으며 지냈어요. 그는 당시 종교의 중심인 성전이 아니라 텅 빈 들에서 외쳤어요. 회개하라고 소리 높여 외쳤어요.

"나는 소리입니다. 빈 들에서 외치는 소리입니다."

광야의 외침에 온 이스라엘 백성이 반응했어요. 예루살렘과 유대와 요단강 지역에서 사람들이 쏟아져 나와 자신의 죄를 고백하고 회개의 세례를 받았어요. 세례를 베풀며 회개에 걸맞은 삶을 살도록 가르친 요한은 '세례 요한'이라고 불렸어요.

"나는 물로 세례를 주지만, 내 뒤에 오실 분은 불과 성령으로 세례를 주실 겁니다. 그분이 베풀 성령의 거룩한 세례는 여러분을 완전히 바꾸어놓을 겁니다!"

세례 요한은 백성들이 예수님을 받아들일 마음의 채비를 갖추게 해주었어요. 옛 삶을 버리고 하나님나라에 합당한 삶을 살 준비를 시켜주었어요.

아이와 함께
드리는 기도

✝ ✝ ✝ ✝ ✝ ✝ ✝ ✝

하나님 고맙습니다.

예수님에 앞서 세례 요한을 보내신 주님,
구원의 사역은 당신 아드님 한 분으로 충분하지만
우리 인간도 껴주시는 뜻을 감히 짐작해 봅니다.

돌아보면 하나님은 늘 그러셨어요.
혼자 해도 차고 넘치는 일인데
굳이 우리를 동역자로 삼으셨지요.
세례 요한 시절이나 지금이나
당신이 오시는 길을 닦을 사람을 원하십니다.

사람의 마음에 오셔서 감동하게 하실 때에도
사회의 그늘에 오셔서 빛을 밝히실 때에도
한발 앞서 당신의 길을 고르게 하는 사람을 택하십니다.

오늘날 기독교 신앙에 반감을 갖는 사람이 많습니다.

예수님이 오시기 전 백성을 준비시킨 세례 요한처럼
우리가 교회 밖의 사람들이 예수님에게 마음을 열도록
그들의 마음 밭을 일궜는지 망쳤는지 돌아봅니다.

"너희는 주의 길을 준비하라.
그가 오실 길을 곧게 하라."
우리가 이 특권을 기쁨으로 누리고
이 책무를 충심으로 받들게 해주세요.

길 되신 예수님의 이름으로 기도합니다.
아멘.

엄마·아빠를 위한 묵상

✝ ✝ ✝ ✝ ✝ ✝ ✝ ✝

신부를 맞을 사람은 신랑이다. 신랑의 친구도 옆에 서 있다가 신랑의 목소리가 들리면 기쁨에 넘친다. 내 마음도 이런 기쁨으로 가득 차 있다. 그분은 더욱 커지셔야 하고 나는 작아져야 한다. (요한복음 3:29~30 공동번역)

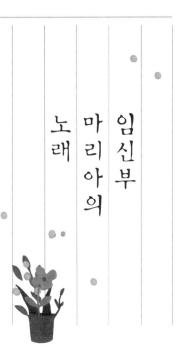

임신부
마리아의
노래

　요한의 어머니 엘리사벳이 임신한 지 반년이 지났을 무렵의 일입니다. 엘리사벳은 마리아라는 사촌 여동생이 있었어요. 갈릴리 지방 나사렛에 사는 마리아는 요셉이라는 남자와 약혼을 했답니다. 둘은 부모를 떠나 한 몸을 이루기로 했어요. 하나님은 천사 가브리엘을 마리아에게 보냈습니다.

　"하나님의 은총을 입은 여인이여! 기뻐하세요. 주께서 당신과 함께 하시기를."

마리아는 천사를 보고 벌벌 떨었어요.

"마리아, 무서워하지 말아요. 하나님께서 그대에게 은혜를 베푸실 겁니다. 그대는 아이를 낳을 텐데 그 이름을 예수라고 하세요. 그는 높으신 하나님의 아들로 불릴 겁니다. 주 하나님께서 다윗의 왕좌를 그에게 주실 것이며 그의 나라는 끝이 없을 것입니다."

어안이 벙벙할 정도로 놀라운 말씀이었습니다. 마리아는 당최 이해가 가질 않았어요. 아직 결혼도 하지 않은 내가 어떻게 아기를 갖는다는 것인지…….

"저는 아직 처녀인데 어떻게 아기를 낳을 수 있나요?"

"오 마리아, 성령이 내려와 가장 높으신 분의 능력이 당신을 감쌀 겁니다. 사촌 언니인 엘리사벳을 보세요. 나이가 그렇게나 많은데도 벌써 임신 6개월째입니다. 하나님께서는 못 하실 일이 없습니다."

"아멘. 저는 주님의 종입니다. 주의 말씀대로 제게 이루어질 것을 믿습니다."

이 놀라운 고백이라니요! 마리아는 혼란스러웠지만 하나님의 뜻이 자신에게 이루어지기를 구했어요. 그리고 믿음대로 아기가 생겼어요. 성령의 능력으로 태아 예수님이 마리아의 배 속에 자리를 잡고 자라기 시작했어요. 하지만 대체 누가 이런 말을 믿겠어요.

요셉은 약혼녀 마리아의 임신을 알고는 충격을 받았어요. 모욕감과 배신감에 괴로웠어요. 당시 관습대로 마리아를 동네 사람들 앞에 끌고 나와 대체 누구의 아기냐며 난리를 칠 법도 했지만 의로운 사람인 그는 조용히 파혼하고자 맘을 먹었어요. 그런 요셉의 꿈에 주의 천사가 나타났어요.

"다윗의 자손 요셉이여, 괜찮으니 마리아와 결혼하세요. 마리아의 아기는 성령으로 생겼습니다. 마리아가 아들을 낳을 테니 이름을 예수라고 하세요. 그 아이가 자신의 백성을 죄에서 구원할 겁니다. 하나님께서 예언자의 입을 빌려 하신 이 말씀이 이루어졌습니다. '보라, 처녀가 임신하여 아들을 낳을 것이니 그 이름을 임마누엘(하나님이 우리와 함께하신다)이라고 하라.'"

꿈에서 깬 요셉은 천사가 말한 대로 마리아를 아내로 맞아들이고 아기를 낳을 때까지 잠자리를 갖지 않았습니다.

✦ ✦ ✦

태아 예수님은 마리아의 배 속에서 꼬물꼬물 자랐어요. 포도알 크기에서 달걀 크기로, 귤 크기에서 참외 크기로 점점 커졌어요. 마리아는 임신한 사촌 언니 엘리사벳을 만나러 멀리 남쪽 유대 지방에 내려갔습니다. 마리아가 엘리사벳을 보고 "엘리사벳 언니!" 하고 인사하자 엘리사벳의 배 속에 있던 아기 요한은 마리아의 목소리를 듣고 기뻐서 뛰어놀았어요. 엘리사벳은 태동을 느끼곤 성령의 감동으로 외쳤어요.

"가장 복된 여성이여, 당신의 복중 열매가 복됩니다! 내 주님의 어머니께서 내게 오시다니요. 당신의 문안 소리가 내 귀에 들릴 때 내 배 속의 아이가 어린양처럼 뛰어놀았습니다. 하나님의 말씀을 믿고 그대로 이뤄지길 믿으니 복됩니다."

사촌 동생에게 내 주님의 어머니라니요. 성령의 감화가 아니고서야 그렇게 고백할 수 없겠지요. 마리아 역시 기쁨에 겨워 노래로 화답했습니다. 성경 전체에서 가장 위대한 노래로 손꼽히는 그 노래가 임신부의 입에서 나왔답니다.

"내 영혼이 주님을 찬양합니다.
내 영혼이 구주 하나님을 기뻐합니다.
주님께서 이 종의 비천함을 돌보십니다.
이제부터 모든 세대가 나를 복되다 할 것입니다.
내게 이 큰 일을 행하신 전능하신 하나님, 주의 이름은 거룩합니다.
주를 두려워하는 자에게 그분의 자비가 물밀듯이 밀려옵니다.
주의 강한 팔로 권능을 행하여 교만한 폭군을 내리치십니다.

왕들을 왕좌에서 끌어내리고 낮고 천한 사람들을 높이십니다.

굶주린 사람을 잔칫상에 앉히고 부자를 빈손으로 돌려보내십니다.

주는 자비를 기억하셔서 택하신 자녀를 도우십니다.

믿음의 조상 아브라함과 그 자손들을 영원히 도우실 것입니다.”

마리아는 엘리사벳과 석 달을 더불어 지내다가 갈릴리 나사렛의 집
으로 돌아갔습니다.

아이와 함께
드리는 기도

✝ ✝ ✝ ✝ ✝ ✝ ✝ ✝

하나님 고맙습니다.

북방 시골의 악명 높은 동네의
평범한 한 여성을 선택하신 주님,
"하나님의 뜻이 제게 이루어지게 하세요."
이 소박하고 위대한 고백을 드리는 우리가 되게 하소서.

아무도 생각하지 못한 곳에서
은밀하게 구원을 준비하시는 하나님,
그 하나님의 일하심을 보는 믿음의 눈을 갖게 해주세요.

마리아가 성령의 감동으로 부른 혁명의 노래가
우리 입에서도 그치지 않게 해주세요.

높은 이들을 보좌에서 끌어내리고
거름 더미에 거하던 자들을 올리시는 하나님,
그 하나님의 편에 서는 동역자가 되게 해주세요.

평범한 여인의 몸을 빌려 오신 예수님의 이름으로 기도합니다.
아멘.

엄마·아빠를 위한 묵상

+ + + + + + + +

아버지의 뜻이 하늘에서와 같이 땅에서도 이루어지게 하소서. (마태복음 6:10 공동번역)

예수님이 태어났어요

"빈 방 있습니까?"

똑똑똑. 요셉은 거듭 여관 문을 두드렸어요. 하지만 고향 베들레헴의 어느 여관에도 빈 방은 없었습니다. 태어난 곳으로 가서 호적을 등록하라는 로마 황제의 명령에 따라 전국 각지에서 고향에 몰려온 사람들로 가득 찼거든요.

'이를 어쩌지…….'

요셉은 난감한 눈빛으로 자신을 따라온 약혼녀 마리아를 보았어요. 마리아는 벌써 산통이 시작되었는지 고통스런 표정을 지었습니다. 아직 혼인하지 않은 마리아는 이번 여행에 동행할 필요가 없었지만 아비 없는 자식을 가졌다는 주위의 따가운 시선을 피해 요셉을 따라나선 거예요. 마리아는 만삭의 몸을 끌고 나사렛에서 베들레헴까지 200킬로미터가 넘는 길을 왔어요.

바깥에서 아기를 낳을 순 없어서 급한 대로 여관에 딸린 마구간에 들어갔어요. 밤이슬을 피해 들어온 마구간은 입구부터 말똥 냄새가 진동했어요. 길손들이 몰고 온 말과 나귀는 여물을 먹고 물을 마시느라 여념이 없었어요.

'아, 이런 데서 어찌 해산을 할까.'

그러나 난감한 마음도 사치였던 요셉은 급한 대로 짚을 깔고 마리아를 뉘였어요.

산통으로 신음하는 마리아. 아내의 손을 꼭 잡고 기도하는 요셉.

얼마나 시간이 흘렀을까.

마침내 터져 나오는 아기 울음소리! 예수님은 여느 아기들과 다름없이 "응애~" 하는 외침으로 자신의 탄생을 자축했어요. 부모가 된 마리아와 요셉은 꼬물꼬물 움직이는 아기를 보며 생명의 신비에 경탄했어요. 그들은 아기를 포대기로 감싸 여물통에 뉘었어요.

✦ ✦ ✦

그날 밤 들판에서 양 떼를 지키는 목자들에게 천사가 나타났어요. 당시 목자는 성 안에서 살지 못하는 천하고 거친 이들이었답니다. 사나운 목자들도 천사의 방문에 벌벌 떨었습니다.

"두려워하지 말아요. 나는 큰 기쁨의 소식을 가져왔습니다. 온 이스라엘이 그대들과 함께 기뻐할 겁니다. 오늘 베들레헴에 여러분을 구원

할 분이 태어나셨어요. 그분은 포대기에 싸여 구유에 뉘었는데, 그것이 바로 그리스도라는 표시랍니다."

하늘의 군대가 등장하여 뭇 천사가 한 목소리로 찬미했어요.

"지극히 높은 하늘에는 하나님께 영광, 땅에서는 하나님이 예뻐하는 이들에게 평화!"

천사들이 사라지자 목자들은 마주 보며 말했어요.

"여보게, 우리 모두 어서 베들레헴으로 가서 그리스도가 나셨는지 확인해 보세."

베들레헴으로 달려간 목자들은 구유에 누인 아기를 보고 감탄했어요. 목자들이 천사가 전한 말을 들려주자 마리아는 그 이야기를 가슴속에 잘 간직했어요. 하나님의 말씀대로 이뤄진 것을 목도한 목자들은 찬송하면서 양 떼에게 돌아갔어요.

한편 그날 밤 먼 동쪽 나라에서 점성가들이 새로 태어날 왕의 별을 따라가다가 이스라엘에 도착했어요. 별은 점성가들을 이끌어 아기 예수님이 태어난 곳에서 멈추었어요. 그들은 크게 기뻐하며 아기에게 엎드려 절했어요. 아기 왕에게 황금과 유향과 몰약을 선물로 드렸어요.

아이와 함께
드리는 기도

+ + + + + + + +

하나님 고맙습니다.
아기 예수님을 이 땅에 보내주셔서 고맙습니다.

하나님의 사랑은 너무 커서
인간인 우리가 느낄 수도 짐작할 수도 없습니다.
그래서 우리가 보고 만질 수 있는 몸과 물질의 형태로
그 사랑을 드러내셨어요.
우주를 만드신 창조가 그랬고, 날마다 주시는 양식이 그랬습니다.
모세를 통해 주신 율법과 예언자의 입으로 전한 말씀이 그랬습니다.
그리고 마침내 예수님을 보내서 성육신의 정점을 찍었습니다.

말똥이 구르는 마구간에서 태어나 말 밥통에 누인 아기 예수님,
그분을 처음 알현하러 온 이들이 평소 경멸의 대상이던 목자들과
당시 유대인에게 사람 취급받지 못한 이방인,
그것도 하나님이 금지하던 점성술사라는 사실 앞에서
인간으로 오신 하나님이 펼쳐낼 나라가 어떠할지 슬쩍 엿봅니다.

우리가 그 나라의 일부가 되게 해주세요.

하나님나라의 꿈이 이루어지게 해주세요.

아기 예수님의 이름으로 기도합니다.

아멘.

엄마·아빠를 위한
묵상

✝ ✝ ✝ ✝ ✝ ✝ ✝ ✝

말씀이 육신이 되어 우리 가운데 사셨다. 우리는 그의 영광을 보았다. 그 영광은 아버지께서 주신 독생자의 영광이며, 그 안에는 은혜와 진리가 충만하였다. (요한복음 1:14 새번역)

구 절 필 사

다음의 구절을 따라 적으며 하나님의 사랑을 아기에게 들려주세요.

말씀이 육신이 되어 우리 가운데 사셨다. 우리는 그의 영광을 보았다. 그 영광은 아버지께서 주신 독생자의 영광이며, 그 안에는 은혜와 진리가 충만하였다. (요한복음 1:14 새번역)

감 사 일 기

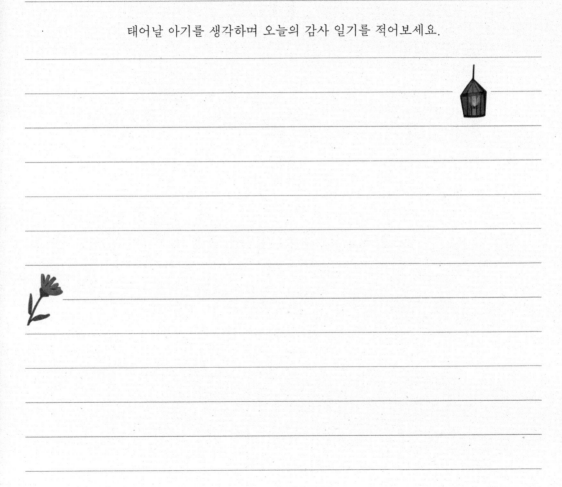

태어날 아기를 생각하며 오늘의 감사 일기를 적어보세요.

6

CHAPTER

하나님나라를

이 뤄 가 는

이 야 기

✳ ✳ ✳

"내가 말세에 믿음을 보겠느냐"고 하신 주님,

우리 아이들이 중풍병자의 친구들과 로마의 백부장처럼

주님을 놀라게 하는 믿음의 사람으로 커가게 해주세요.

우리 아이에게 믿음을 유산으로 물려주는 부모가 되게 해주세요.

우리 아이가 중풍병자의 친구들 같은 사랑과 믿음의 친구를 두게 해주세요.

아니, 자신이 먼저 주위의 사람에게 그런 친구가 되게 해주세요.

우리 아이가 로마 백부장 같은 인자한 윗사람을 두게 해주세요.

아니, 그렇게 아랫사람을 사랑하는 사람이 되게 해주세요.

꿈 하나님의

아기 예수님은 키가 자라고 지혜가 자라며 나날이 하나님과 사람 앞에 사랑스러워졌어요. 집안일을 거들 나이가 되어서는 오랜 시간 동안 목수로 일하며 가족의 생계를 책임졌어요.

때가 이르매 예수님은 집을 나와 하나님나라를 선포했어요. 예수님은 하나님의 꿈을 나누었고 그 꿈에 이끌린 사람들이 예수님을 따랐어요. 예수님은 산에 올라 하나님이 꿈꾸는 세상의 모습을 펼쳐 보였어요. 예수님의 입에서는 이 세상 그 어떤 보석보다 귀한 말씀이 흘러나왔어요.

✦ ✦ ✦

몸과 마음이 가난한 벗들은 행복합니다. 하나님의 나라가 여러분의 것입니다. 슬픈 친구들은 행복합니다. 하나님이 위로하실 거예요. 여러분은 다시 웃을 겁니다.

온유한 동무들은 행복합니다. 땅은 여러분의 차지가 될 거예요.

옳은 일에 주리고 목이 마른 그대는 행복합니다. 배부르고 만족할 겁니다. 남을 안고 위로하는 그대는 행복합니다. 하나님이 당신을 안아 위로하실 겁니다.

마음이 깨끗한 이는 행복합니다. 그들은 하나님을 볼 거예요.

평화를 심는 사람은 행복합니다. 그런 사람이 하나님의 자녀가 된답니다. 옳은 일을 하다가 괴롭힘을 당하는 친구는 행복합니다. 하늘나라는 그들의 거예요.

기뻐해요! 즐거워해요! 하늘에서 큰 상을 받을 겁니다.

우리 친구들은 세상의 소금입니다. 이 세상에 소금을 쳐서 하나님나라의 맛을 드러내게 하려고 부르신 거예요. 우리 친구들은 세상의 빛입니다. 빛을 밝히세요! 이 세상이 친구들의 착한 모습을 보고 하나님을 찬양하게 하세요.

✦ ✦ ✦

자매와 형제에게 화가 나면 그들에게 진심을 담아 말하고 평화를 이루세요. 용서하세요. 여러분도 용서받을 겁니다. 원수를 사랑하고 그들을 위해 기도하세요. 그들도 하나님의 자녀입니다. 나를 사랑해 주는 사람만 사랑하지 마세요. 내게 인사하는 사람에게만 인사하지 마세요.

착한 일을 할 때는 남들 앞에 보이는 공연이 되지 않게 하세요. 땅에서 박수갈채를 받으면 하늘에선 칭찬이 없거든요. 어려운 사람을 남몰래 도와주고 떠벌리지 마세요. 사람은 몰라도 하나님은 다 기억하고 갚아주십니다.

기도할 때는 골방에 들어가 문을 닫고 숨어 계시는 아버지께 기도하세요. 숨은 일도 보시는 아버지께서 다 들어주세요. 빈말을 되풀이하지 마세요. 말이 많이 해야 하나님이 기도를 들어준다고 착각하지 마세요.

우리가 입을 열기도 전에 하나님은 우리에게 무엇이 필요한지 아세요. 그러니 이렇게 기도하세요.

"하늘에 계신 우리 아버지, 온 세상이 아버지를 하나님으로 받들게 해주세요. 아버지의 나라가 오게 하시고 하늘에서처럼 땅에서도 아버지의 뜻이 이루어지게 해주세요. 우리에게 일용할 양식을 주시고 아버지께 용서받은 우리가 다른 사람을 용서하게 해주세요. 우리를 나 자신과 마귀에게서 지켜주세요. 아멘."

우리가 다른 사람을 용서하면 하늘에 계신 아버지께서도 우리를 용서하세요. 그러나 남의 잘못을 용서하지 않으면 아버지께서도 우리 잘못을 용서하지 않으세요.

✦ ✦ ✦

아무도 두 주인을 섬길 수는 없어요. 하나님과 돈을 아울러 섬길 수 없답니다. 분명히 이야기합니다. '무엇을 먹고 무엇을 입지' 하는 걱정 일랑 내려놓으세요. 키 작은 사람이 걱정한다고 해서 자기 몸을 1센티 미터라도 늘릴 수 있나요? 공중의 새와 길섶의 들꽃도 하나님께서 다

먹이고 입히는데 여러분을 그냥 두실까요? 세상 사람들은 돈이 전부인 것처럼 살아갑니다만 하나님은 여러분에게 무엇이 필요한지 다 알고 계세요. 먼저 하나님나라와 하나님이 정의롭게 보시는 것을 구하세요. 그러면 필요한 모든 것을 덤으로 주실 거예요.

사람의 흠을 들추거나 실패를 꼬집거나 잘못을 비난하지 마세요. 남에게 쏜 화살은 부메랑처럼 나에게 돌아옵니다. 남을 저울에 올려두고 손쉽게 판단하지 마세요. 하나님도 여러분을 저울에 올려두고 심판하실 겁니다. 상대의 얼굴에 밥풀이 붙었다고 놀리면서 제 얼굴에 눌러붙은 커다란 땟국물 자국을 못 보는 사람이 되지 마세요.

구하세요. 받습니다.
찾으세요. 찾습니다.
문 두드리세요. 열립니다.
누구든지 구하면 받고, 찾으면 얻고, 문을 두드리면 열립니다.

자식이 밥을 달라는데 돌을 주고 고기를 달라는데 뱀을 줄 부모가 어디 있나요? 못된 사람도 제 자식에겐 좋을 걸 주려 하는데 하늘에 계신 아버지께서 자녀인 우리에게 더 좋은 걸 주시지 않겠습니까?

✦ ✦ ✦

여기, 우리가 살아가며 꼭 지켜야 할 규칙이 있어요. 다른 사람들이 나에게 해주길 바라는 대로 다른 이들을 대하세요. 여러분이 세상에 주는 그대로 세상도 여러분에게 준답니다. 바로 이것이 하나님의 율법과 예언자들의 설교를 다 합한 결론이랍니다.

하나님의 꿈을 듣고 나서 그 꿈의 일부가 되어 살아가세요. 그런 사람은 집을 지을 때 반석 위에다 집을 짓는 슬기로운 사람이지요. 비가 내려 큰물이 밀려오고 바람이 들이쳐도 반석 위에 세운 집은 까딱하지 않지요. 그러나 하나님의 꿈을 듣고 가슴이 뛰어도 그대로 살아내지 않는 사람은 집을 짓되 모래 위에 짓는 어리석은 사람이랍니다. 비가 내려 큰물이 밀려오고 바람이 들이치면 모래 위에 세운 집은 여지없이 무너진답니다.

아이와 함께
드리는 기도

+ + + + + + + +

하나님 고맙습니다.
하나님의 꿈으로
우리를 초대해 주셔서 고맙습니다.

이 세상에 아름다운 꿈이 많지만
하나님의 꿈만큼
우리를 가슴 뛰게 하는 것도
우리를 살아 있게 하는 것도 없습니다.

하나님이 꾸신 그 꿈을
우리 아이도 꾸게 해주세요.
우리 아이가 그 꿈의 일부가 되게 해주세요.
그 꿈을 살아내는 사람으로 커가게 해주세요.

세상은 하나님을 모릅니다만,
하나님의 꿈을 몸으로 살아내는 사람들 덕에
하나님을 알게 됩니다.

우리 아이가 하나님의 꿈을
삶으로 번역하는 사람,
그래서 주위 사람들도 그 삶을 보고
하나님의 꿈으로 초대받게 하는 사람이 되게 해주세요.

하나님의 꿈을 이루신
예수님의 이름으로 기도합니다.
아멘.

엄마·아빠를 위한 묵상

✝ ✝ ✝ ✝ ✝ ✝ ✝ ✝

이제 나는 너희에게 새 계명을 준다. 서로 사랑하여라. 내가 너희를 사
랑한 것과 같이, 너희도 서로 사랑하여라. 너희가 서로 사랑하면, 모든
사람이 그것으로써 너희가 나의 제자인 줄을 알게 될 것이다. (요한복음
13:34~35 표준새번역)

예수님을
놀라게 한
믿음

여기 중풍으로 몸이 마비된 사람이 있습니다. 그는 몸을 가누기 어려워 늘 누워서 지냅니다. 다행히 그는 좋은 친구들을 두었어요. 어느 날 그들이 사는 동네에 예수님이 오셨다는 소문이 쫙 퍼졌습니다. 친구들은 아픈 친구를 둘러싸고 모였어요.

"다들 들었지? 나사렛 예수님이 우리 마을에 오셨대!"

"예수라면 어떤 병이든 다 고친다는 그분?"

"그뿐이 아냐. 악귀도 쫓아내고 죽은 사람도 살린대."
"그분이라면 우리 친구도 낫게 할 거야. 얼른 가보자!"

✦ ✦ ✦

그들은 중풍 걸린 친구를 침대째로 번쩍 들어서 예수님이 들어가신 집에 데리고 갔습니다. 아뿔싸! 언제 듣고 왔는지 구름처럼 모인 인파가 집 주위를 에워쌌어요. 콩나물시루처럼 빽빽해서 도무지 비집고 들어갈 틈이 보이지 않았어요.

'예수님을 만나면 다시 움직일 수 있을지도 몰라.'

그런 기대에 가슴이 부풀었던 중풍병자는 크게 낙심했어요. '역시 나는 안 되는구나' 하는 생각에 눈물이 나왔어요. 그는 실망한 목소리로 친구들에게 말했어요.

"얘들아, 이제 괜찮아. 집에 데려다줘."

"아냐. 우리는 절대 널 포기하지 않을 거야."

포기를 모르는 친구들은 문으로 들어가는 방법 대신 집 옥상으로 올라갔어요. 지붕을 뜯어내고 침대에 줄을 매달아 예수님이 앉은 자리 위로 내렸어요. 어떻게 해서든지 아픈 친구를 고치겠다는 사랑이 있었고,

예수님이라면 친구를 고칠 수 있을 거라는 믿음이 있었거든요.

집 안에 있던 사람들은 공중에서 내려오는 침대를 보고 깜짝 놀랐어요. 예수님은 지붕을 뜯어서라도 당신에게 다가오는 모습에 감동을 받았어요. 예수님은 그런 친구들의 믿음을 보고 구원을 베풀었어요.
"당신은 이제 싹 나았습니다. 자, 일어나 걸어보세요."
예수님의 말이 떨어지자마자 벌떡 일어난 중풍병자는 춤추고 찬양하며 집에 돌아갔어요. 이 광경을 본 사람들은 놀라서 하나님을 찬미했어요.

✦ ✦ ✦

이번엔 로마의 백부장이 예수님 앞에 나아왔어요. 그가 집에서 부리는 종이 위독해지자 이분이라면 살릴 수 있을 것이라는 믿음을 가지고 먼 길을 달려왔습니다.
예수님이 살아 계시던 당시에 이스라엘은 로마의 지배를 받았는데, 백부장은 백 명의 부하를 거느리고 한 도시를 다스리는 로마의 장교입니다. 그런 높은 사람이 자신의 지배를 받는 유대인인 예수님에게 고개를 조아렸어요. 일제강점기에 고위급 일본 장교가 우리나라의 평범한 사람에게 절을 한 셈이지요.

"제가 사랑하는 종이 큰 병에 걸려 죽어갑니다. 제발 살려주십시오."

백부장의 애정을 읽은 예수님은 흔쾌히 종의 병을 고치겠다고 이야기했어요.

"자, 그럼 당신 집으로 갑시다. 앞장서세요."

그런데 백부장은 종의 병이 낫기 위해서 예수님이 굳이 자기 집까지 올 필요가 없다고 했어요.

"주님, 저는 주님을 저희 집에 모실 만한 자격이 없습니다. 그저 한 말씀만 하십시오. 그러면 제 종이 나을 겁니다. 제 부하들도 제가 '가라!' 하면 가고, '와라!' 하면 옵니다. 제 하인도 제가 '이걸 해라!' 하면 무엇이든 합니다."

예수님은 하나님을 믿는 이스라엘 백성도 아닌 로마 군대 백부장의 믿음에 깜짝 놀라셨어요.

"나는 이스라엘 중에서도 이렇게 믿음이 큰 사람을 본 적이 없습니다."

그리고는 백부장을 향해 말했습니다.

"어서 집으로 가보세요. 당신의 믿음대로 되었을 겁니다."

✦ ✦ ✦

집에 가보니 과연 좋은 건강을 되찾았어요. 언제 병이 나았는지 알아보니 예수님이 말씀하신 딱 그 시간이었어요.

아이와 함께
드리는 기도

✝ ✝ ✝ ✝ ✝ ✝ ✝ ✝

사랑의 하나님, 고맙습니다.

예수님을 기쁘게 하는 것은
우리가 얼마나 똑똑한가, 얼마나 잘생긴가에 달리지 않고
우리가 예수님을 얼마나 잘 믿느냐에 달렸음을
일러주셔서 고맙습니다.

"내가 말세에 믿음을 보겠느냐"고 하신 주님,
우리 아이들이 중풍병자의 친구들과 로마의 백부장처럼
주님을 놀라게 하는 믿음의 사람으로 커가게 해주세요.
자녀에게 믿음을 유산으로 물려주는 부모가 되게 해주세요.

우리 아이가 중풍병자의 친구들 같은
사랑과 믿음의 친구를 두게 해주세요.
아니, 자신이 먼저 주위 사람에게 그런 친구가 되게 해주세요.
우리 아이가 로마 백부장 같은 인자한 윗사람을 두게 해주세요.
아니, 자신이 먼저 아랫사람을 사랑하는 사람이 되게 해주세요.

예수님의 이름으로 손 모읍니다.

아멘.

엄마·아빠를 위한
묵상

✝ ✝ ✝ ✝ ✝ ✝ ✝ ✝

믿음이 없이는 어느 누구도 하나님을 기쁘시게 할 수 없습니다. 하나님
께 나아오는 자는 그가 계시다는 것과 그를 찾는 자들에게 상 주시는 분
이라는 것을 진정으로 믿어야 합니다. (히브리서 11:6 쉬운성경)

누구보다 삶을 즐긴 예수님

하나님은 우주와 만물을 짓고 스스로 즐기셨어요. 혼자서만이 아니라 함께 즐기고 싶어서 우리를 만드셨어요. 하나님이 우리에게 허락한 즐거움을 누릴 때 우리는 하나님을 높이는 예배자가 됩니다. 하나님이 주신 선물을 우리 자녀들이 즐길 때 그분은 아빠 미소를 지으며 영광을 받으십니다.

삶을 논하는 책「전도서」는 인생이 헛되다고 합니다.「전도서」를 쓴 사람은 찬바람에 시드는 들풀처럼 짧은 우리네 인생이 창조주 하나님마저 등지고 살면 얼마나 허무한지를 말하며 탄식합니다. 그리고 자신의 깨달음을 이렇게 풀어놓습니다.

"결국 좋은 것은 살아 있는 동안 잘 살며 즐기는 것밖에 없습니다. 사람은 모름지기 수고한 보람으로 먹고 마시며 즐겁게 지낼 일입니다. 이것이 바로 하나님의 선물입니다." (전도서 3:12 공동번역)

"즐겁게 매일 밥을 먹고 기분 좋게 당신의 포도주를 마셔요! 하나님께서는 이미 그렇게 살도록 정해놓으시고 그것을 좋아하고 계십니다. 옷은 항상 깨끗하게 입고 머리에는 향기로운 기름을 발라 언제나 축제날 같은 인생을 사세요. 짧은 인생을 살아가는 동안 사랑하는 배우자와 함께 하루하루를 즐겁게 사세요." (전도서 9:7~9 현대어성경)

✦ ✦ ✦

「전도서」의 말씀대로 날마다 축제 날처럼 산 사람이 있어요. 누굴까요? 맞아요. 예수님입니다. 하나님이 스스로 즐기시는 분이고, 그래서

만물을 창조하고 기뻐하셨다고 위에서 말했지요. 그 아버지에 그 아들이라고 예수님은 이 땅에 와서 누구보다 즐겨 먹고 마셨어요. 오죽하면 별명이 '먹보'에 '술꾼'이었다니까요. 특히 당시 사람들이 절대 어울리지 않는 죄인들과 함께 식사를 했어요. 다른 별명인 '죄인들의 친구'는 그렇게 생겼답니다.

✦ ✦ ✦

예수님이 첫 번째로 베푼 기적도 먹고 마시는 일이었어요. 죽은 사람을 살리거나 귀신을 내쫓는 등 거창한 일을 첫 번째 기적으로 삼을 법도 하지만 예수님은 먼저 포도주를 만들어 사람들에게 대접하셨어요.

예수님은 갈릴리 지방에 가나라는 동네에서 열린 결혼식 파티에 초대받았어요. 한창 잔치의 흥이 무르익을 때 포도주가 동이 났음을 알게 됐어요.

당시 히브리인들은 잔치에 포도주가 떨어지지 않도록 무척 넉넉히 준비했어요. 결혼식 파티가 끝나기 전에 포도주가 떨어지면 결혼식을 망친다고 생각해서 아주 신경을 썼어요. 그런데도 포도주가 바닥이 난 걸 보면 아마 손님들이 포도주를 엄청 마셔서 많이들 취했을 거예요.

그런데도 예수님은 이제 그만 집에 가라고 하지 않았어요. 대신 포도주를 만들어주려고 하인들을 불러 엉뚱한 일을 시켰어요.

"마당에 항아리가 여섯 개 있지요? 거기에 물을 가득 채우세요."

＋ ＋ ＋

그때 연회장의 손님들은 왜 포도주를 안 갖고 오느냐며 불평을 터뜨렸어요. 하인들은 우물에서 물을 길어 와 항아리를 채울 겨를이 없었어요. 하지만 예수님의 말씀에 순종했어요. 항아리가 물로 가득 차자 예수님은 더 생뚱맞은 일을 시켰어요.

"이제 물을 떠서 손님들에게 갖다드려요."

포도주를 내놓으라며 성화인 손님들에게 물을 내놓으면 혼날 게 뻔했어요. 하인들은 겁이 났지만 예수님의 말씀에 순종했어요. 하인이 갖다준 잔을 들이킨 손님의 입에서 놀라운 말이 터져 나왔어요.

"아니, 이렇게 맛난 포도주를 이제야 내놓다니!"

모두들 예수님이 빚은 포도주를 맛보려고 야단이었어요.

"나도! 나도 새로 내온 포도주를 좀 줘요!"

✦ ✦ ✦

예수님은 맹물로 최고급 포도주를 만들어서 망칠 뻔한 파티를 멋지게 되살렸어요. 사람들이 계속 잔치를 즐기는 모습을 보며 흐뭇한 미소를 지었어요. 이는 나중에 천국에 가서 우리 모두가 함께 즐거워할 어린양의 혼인 잔치를 떠올리게 한답니다.

아이와 함께
드리는 기도

✝ ✝ ✝ ✝ ✝ ✝ ✝ ✝

하나님 고맙습니다.
우리 하나님이 즐기는 하나님이라 우리도 삶을 즐깁니다.
예수님 고맙습니다.
십자가를 지는 모습만 아니라 친히 삶을 누리는 본을 보여주셔서
우리도 자신의 십자가를 지고 가면서 인생을 경축합니다.
성령님 고맙습니다.
우리가 기쁠 때 우리보다 먼저 기뻐하는 성령님을 느낍니다.
우리가 즐거울 때 함께 즐거워하는 성령님을 만납니다.

이 세상에 제아무리 죄가 넘친다 한들
사는 일이 제아무리 고단하고 비루한들
서로의 삶을 축하하는 모습이 그치지 않게 해주세요.

"축하해야 할 또 다른 어떤 죄인이 있나?"**
이 말이 우리의 농담이자 덕담이 되게 해주세요.

_____

** 니코스 카잔차키스, 『예수, 다시 십자가에 못 박히다』, 김성영, 고려원, 1982년 7월

언제나 축제 날처럼 살라고 하신 주님,
하지만 살아가면서 포도주가 떨어져서
파티를 끝내야 할 때가 잦습니다.
건강의 포도주, 재물의 포도주, 관계의 포도주가 떨어질 때
그래서 향유와 축제가 사치라고 느껴질 때
물로 최고급 포도주를 만들어서 파티를 계속하게 하시는
예수님을 뵙게 해주세요.

예수님 이름으로 축배를 들며 기도합니다.
아멘.

엄마·아빠를 위한 묵상

✝ ✝ ✝ ✝ ✝ ✝ ✝ ✝

나는 생을 즐기라고 권하고 싶다. 사람에게, 먹고 마시고 즐기는 것보다 더 좋은 것이 세상에 없기 때문이다. 그래야 이 세상에서 일하면서, 하나님께 허락받은 한평생을 사는 동안에, 언제나 기쁨이 사람과 함께 있을 것이다. (전도서 8:15 표준새번역)

구 절 필 사

다음의 구절을 따라 적으며 하나님이 주신 소망을 아기에게 들려주세요.

믿음이 없이는 어느 누구도 하나님을 기쁘시게 할 수 없습니다. 하나님께 나아
오는 자는 그가 계시다는 것과 그를 찾는 자들에게 상 주시는 분이라는 것을 진
정으로 믿어야 합니다. (히브리서 11:6 쉬운성경)

감사 일기

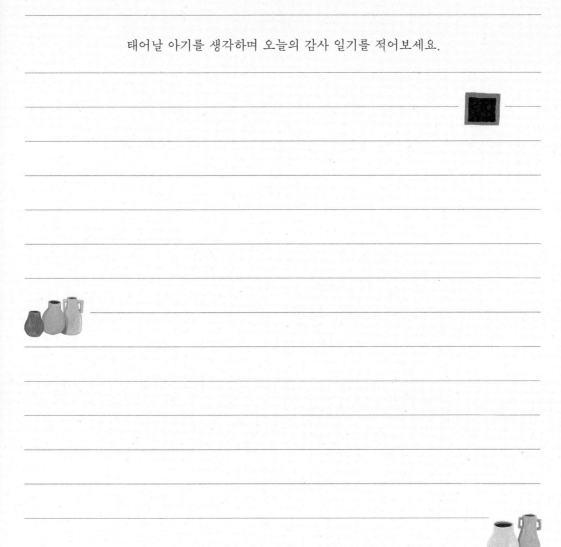

태어날 아기를 생각하며 오늘의 감사 일기를 적어보세요.

7

CHAPTER

예 수 님 과
아 이 들 이
함 께 빚 은
이 야 기

✺ ✺ ✺

예수님은 방 한가운데 어린아이 하나를 세우시고,
아이를 품에 안으며 말씀하셨습니다.
"누구든지 이 어린아이들 가운데
하나를 나처럼 품으면 곧 나를 품는 것이고,
또 나를 훨씬 넘어서서 나를 보내신 하나님을 품는 것이다."

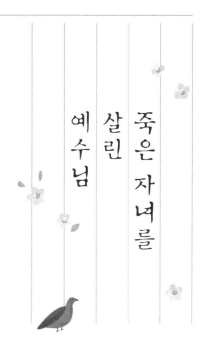

죽은 자녀를
살린
예수님

예수님 당시 이스라엘 사람들은 회당이라는 곳에 모여 예배했어요. 회당의 책임을 맡은 야이로가 예수님을 찾아왔습니다. 야이로는 예수님의 발치에 무릎을 꿇고 정신없이 애원했습니다.

"제 어린 딸이 지금 죽어가고 있습니다! 제발 그 아이에게 손을 얹어 주십시오. 그러면 살아날 것입니다!"

"제가 댁으로 함께 가겠습니다."

예수님은 야이로를 따라나섰어요. 예수님이 걸음을 떼자 온 무리가 그분을 에워싸고 따라왔습니다. 그중에는 무려 12년 동안이나 하혈로 고생한 여인이 있었어요. 용하다는 의사는 다 찾아다녔지만 돈만 날리고 병은 더 심해졌어요. 그러다 예수님의 소문을 듣고 여기까지 와서 사람들 틈에 끼었어요.

'저분 옷에 손이 닿기만 해도 병이 나을 거야.'

여인은 그렇게 중얼거리며 슬그머니 다가가 예수님의 옷자락을 만졌어요. 예수님의 옷에 손을 대자 즉시 피가 멈추고 병이 떠난 걸 느꼈어요.

자신의 능력이 나간 것을 알아챈 예수님은 멈춰서 몸을 돌렸어요.

"누가 내 옷을 만졌습니까?"

"여기 이렇게 많은 사람이 에워싸고 밀치는데 누가 내게 손을 댔냐니요? 족히 수십 명의 손이 주님 옷에 닿았을 겁니다."

제자들의 설명에도 예수님은 누가 그랬는지 알고자 주위를 둘러보았어요. 자기가 한 일을 아는 여자는 두려움에 떨며 앞으로 나왔습니다. 여자는 예수님의 발 앞에 절하며 자초지종을 고했습니다. 예수님은 여인의 말을 듣고 안심시켜 주었어요.

"딸이여, 그대의 믿음이 자신을 낫게 했군요. 이제 건강해졌으니 복되게 사세요."

옆에 서 있던 야이로는 사경을 헤매는 딸 생각에 애가 탔어요. 이런 일로 꾸물거리는 예수님이 야속했겠지요. 아니나 다를까, 야이로의 집에서 한 사람이 달려와 슬픈 소식을 전했습니다.

"회당장님, 따님이 그만 숨을 거뒀습니다. 굳이 예수님을 모셔 와서 괴롭게 해드릴 필요가 있겠습니까."

그 말을 들은 야이로의 심정이 얼마나 비통했을까요. 하지만 예수님은 흔들림 없는 눈빛으로 말했습니다.

"두려워 말고 믿기만 하세요."

이윽고 도착한 야이로의 집은 몹시 소란했습니다. 사람들은 큰 소리를 내며 울었고 한쪽에선 죽은 아이를 두고 입방아를 찧었어요. 예수님은 사람들 사이를 헤치고 지나가며 말했습니다.

"어째서 울고 있습니까? 아이는 죽은 게 아니라 자고 있습니다."

사람들은 어이없다는 표정을 지으며 비웃었어요. 예수님은 아랑곳하지 않고 딸이 누운 방에 들어갔어요. 딸의 부모와 베드로, 요한, 야고보만 남기고 다른 사람은 다 내보냈어요. 부모의 얼굴은 눈물범벅이 되었어요. 예수님은 침대 맡에 가서 죽은 아이의 손을 잡고 말했어요.

"달리다 굼!"

이 말은 '소녀야, 일어나라!'는 뜻이랍니다. 예수님의 말씀이 떨어지자 열두 살 된 소녀는 즉시 일어나 걸었어요! 방 안에 있던 이들은 놀라서 어쩔 줄을 몰랐어요. 소녀의 부모는 슬픔의 눈물을 그치고 기쁨의 눈물을 흘렸어요.

"이 방에서 일어난 일을 아무에게도 알리지 마세요. 저는 이만 가보겠습니다. 아, 아이에게 밥을 주세요. 배가 많이 고플 겁니다."

✦ ✦ ✦

또 한번은 예수님이 나인이라는 동네에 가셨을 때의 일입니다. 언제나처럼 제자들과 큰 무리가 예수님을 따라다녔어요. 그들이 마을 어귀에 다다랐을 때 "아이고, 아이고~" 하며 곡소리가 들려왔어요. 장례를 치르려고 동네 사람들이 관을 들고 나오고 있었어요. 제자들이 다가가서 물었어요.

"대체 누가 죽었는데 이렇게들 슬퍼하나요?"

"우리 마을에 사는 과부의 외아들이 죽었어요. 남편도 없이 애랑 둘이 살던 여잔데 하나 있는 자식마저 잃었지 뭡니까. 원, 하늘도 무심하시지."

아, 과부의 외아들이라니요! 당시 남편 없이 사는 여성은 가장 힘없고 억울한 사람이었어요. 그런 과부에게 삶의 유일한 희망이었을 자식마저 죽었으니 다들 가슴 아파했답니다. 동네 사람들이 과부와 함께 울면서 상여를 따라오고 있었어요.

"내 아들, 내 아들아!"

통곡하는 과부를 보고 주님의 가슴이 미어졌어요.

"울지 마세요."

예수님은 위로의 말을 전하고는 앞으로 나아가 관에 손을 댔어요. 상여를 메고 가는 사람들이 그런 예수님을 보고 멈추었어요.

"젊은이여, 내가 네게 말한다. 일어나라!"

예수님의 말씀이 떨어지자마자 죽었던 과부의 아들이 벌떡 일어났어요! 야이로의 딸처럼 말이죠. 젊은이는 앉아서 말을 하기 시작했어요. 사람들은 자신들이 본 광경을 믿을 수 없어서 웅성거렸어요. 예수님은 어머니에게 잃은 자식을 돌려주셨어요. 여기저기서 하나님을 찬양하는 소리가 터져 나왔어요.

"하나님께서 당신의 백성을 찾아와 주시다니!"

"주의 백성을 이렇게 돌봐주시는군요……."

죽은 자식을 살린 예수님의 이야기가 온 유다와 그 근방에 두루 퍼져 나갔습니다.

아이와 함께
드리는 기도

+ + + + + + + +

하나님 고맙습니다.

독생자 예수를 십자가에서 떠나보냈기에
자녀를 잃은 부모의 심정을
누구보다 잘 아는 하나님 고맙습니다.
죽은 자식을 살려
부모에게 돌려주신 주님을 찬양합니다.

예수님께서 사람을 세 번 살렸는데
가까운 친구인 나사로를 제외하면
나머지 두 번은 누군가의 자식을 살리셨지요.
그만큼 예수님은 자녀의 생명을 귀히 여겼고
자식을 먼저 보낸 부모를 가엾게 여겼습니다.

자녀를 먼저 떠나보내고
가슴에 묻은 모든 부모의 눈물을 닦아주세요.
원통하게 자식을 잃은 분들의 억울함을 풀어주세요.

우리가 사는 세상이

누군가의 자녀를 내 자식처럼 귀히 여기고,

그들을 키우는 부모를 존중하는 곳이 되게 해주세요.

예수님의 이름으로 기도합니다.

아멘.

엄마·아빠를 위한 묵상

✝ ✝ ✝ ✝ ✝ ✝ ✝ ✝

예수께서는 눈물을 흘리셨다. (…) 예수께서는 다시 비통한 심정에 잠

겨 무덤으로 가셨다. (요한복음 11:35, 38 공동번역)

예수님과 아이들

이날도 예수님은 허다한 사람에게 둘러싸여 복음을 전하고 병을 고쳐주셨어요. 그때 어떤 사람들이 아이들을 예수님께 데려왔어요. 예수님이라면 아이들을 쓰다듬어 주시고 축복해 주실 거라고 생각했거든요. 하지만 제자들은 아이를 앞세우고 나오는 부모들에게 싫은 소리를 했어요.

"지금 예수님을 뵈려고 얼마나 많은 사람들이 기다리고 있는지 안

보입니까?"

"대체 애들까지 데려와서 뭘 어쩌려고요? 예수님이 얼마나 바쁘고 피곤한데……."

그 와중에도 아이들은 장난을 치며 웃으며 뛰어다녔어요. 예수님이 살아 계셨던 당시에 아이들은 하나의 인격체로 존중받지 못했어요. 어린아이는 귀찮고 거추장스러운 존재로 여겨졌답니다. 랍비처럼 존경받는 사람들도 아이들을 그렇게 대하곤 했어요. 예수님의 제자들도 다르진 않았어요. 제자들이 부모에게 면박을 주자 예수님은 속상해서 화를 냈어요.

"어린아이들이 나에게 오는 것을 막지 말고 그냥 두세요! 절대로 저와 아이들 사이에 끼어서 방해하지 마세요!"

그리고는 영원히 사라지지 않을 말씀을 하셨어요.

"하나님나라는 이런 어린아이와 같은 사람의 것입니다. 천국의 삶에는 이 아이들이 중심에 있어요. 제가 분명히 말합니다. 누구든지 어린아이와 같이 순진한 마음으로 하나님나라를 받들지 않으면 결코 거기에 들어가지 못합니다."

예수님은 잠시 아이들과 웃으며 놀았어요. 아기와 어린아이 들을 꼭 껴안으시고 한 명, 한 명의 머리 위에 손을 얹어 축복하셨어요. 아이를 받드는 예수님의 이런 가르침과 행동에 사람들은 놀라움을 금하지 못했어요.

✦ ✦ ✦

제자들은 예수님을 곁에서 모신다는 이유로 어깨가 으쓱해졌어요. '나중에 예수님이 왕위에 오르면 내가 더 높은 자리를 차지해야지' 하는 욕심도 생겼어요. 자기들끼리 누가 더 잘났는가를 놓고 말싸움을 벌이기도 했어요. '내가 더 높다', '아니다. 내가 더 높다' 하면서 옥신각신 다투었어요. 결론이 나질 않자 예수님에게 쪼르르 몰려왔어요.

"예수님, 하나님나라에서는 누가 가장 큰 사람인가요?"

예수님은 대답 대신 어린아이 한 명을 부르셨어요. 아이는 환한 표정으로 예수님 품에 안겼습니다. 예수님은 아이를 끌어안으며 이렇게 말씀하셨답니다.

"분명히 말할게요. 여러분이 생각을 바꾸어 어린아이와 같이 되지 않으면 결코 하나님나라에 들어가지 못해요. 하나님나라에서 가장 큰 사람은 이 어린아이와 같이 자신을 낮추는 사람입니다. 누구든지 이런 아이 하나를 받아들인 사람은 곧 나를 받아들이는 사람입니다. 나를 맞이하는 사람은 나를 보내신 하나님을 맞이하는 사람이고요."

예수님이 아이들을 진심으로 대해서였을까요. 꼭 필요한 순간에 아이들은 예수님의 동역자로 활약했어요.

✦ ✦ ✦

예수님이 갈릴리 바다 건너편에서 병으로 고생하는 사람을 많이 고쳤을 때의 일입니다. 그곳에서도 큰 무리가 예수님을 따라다녔어요. 하루 종일 사람들은 아무것도 먹질 못했어요. 예수님은 언덕에 올라 주위를 둘러보고는 사람들이 배고파서 쓰러질까 걱정했어요. 예수님은 제자 빌립의 믿음을 자라게 하려고 넌지시 물었어요.

"빌립, 우리가 어디에서 음식을 구해다가 이분들을 먹일 수 있을까요?"

"어휴, 예수님, 이 많은 사람에게 빵 한 조각씩이라도 돌리려면 은화 이백 개로도 모자랄걸요?"

잠시 후에 제자 안드레가 한 아이를 앞세우고 나타났어요.

"예수님, 여기 한 아이가 보리빵 다섯 개와 물고기 두 마리를 갖고 왔어요. 혼자 먹지 않고 내놓다니 기특한 노릇이지만 이 사람들이 다 먹기엔 턱없이 부족한데 어쩌죠."

예수님은 아이가 드린 도시락을 기쁘게 받으셨어요. 먼저 빵을 하늘로 들어 감사를 올리고 사람들에게 나눠주었습니다. 물고기도 하늘을 우러러 감사를 드리고 나눠주었어요. 그런데 기적이 일어났어요! 달랑 빵 다섯 조각, 생선 두 마리로 무려 5천 명이나 되는 사람들이 배부르게 실컷 먹었답니다.

모두가 즐겁고 흥겨웠어요. 누구도 차별받지 않고 아무도 배제되지 않았어요. 역대 최대 규모의 야외 파티가 들판에서 벌어졌지요. 하나님 나라에서나 볼 법한 이 어마어마한 잔치는 한 아이가 내놓은 작은 도시락에서 비롯되었어요.

✦ ✦ ✦

예수님이 성전 뜰에 들어가니 눈먼 사람과 다리를 저는 사람들이 예수님께 다가왔어요. 이번에도 예수님은 아무도 외면치 않고 다 고쳐주셨어요. 시각장애인은 눈을 떠 보게 되고, 지체장애인은 사슴처럼 폴짝폴짝 뛰어다녔어요.

백성들은 이런 놀라운 능력을 보고 예수님을 따랐어요. 당대 종교 지도자인 대제사장들과 율법학자들은 백성들이 예수님만 찾는 모습에 샘이 났어요. 그런데다 성전 뜰에서 아이들이 해맑은 표정으로 "다윗의 자손에게 호산나!" 하고 외치는 장면에선 화가 머리끝까지 치밀어 올랐어요. 그 말은 백성들이 오래토록 기다리던 구세주가 바로 예수님이란 뜻이었거든요.

어른들은 종교 권력자들이 무서워서 감히 그런 말을 입에 올리지 못했어요. 대제사장들과 율법학자들이 예수님을 시기하고 미워한다는 것을 알았으니까요. 예수님이 나귀를 타고 예루살렘 성전에 입성하실 때는 남녀노소 할 것 없이 모두가 "호산나" 소리를 질렀지만 혼자서는 예수님을 찬양할 용기를 내지 못했어요. 어른들의 셈법을 모르는 아이들만이 천진난만한 목소리로 "호산나"를 외쳤어요.

잔뜩 심통이 난 대제사장들과 율법학자들은 예수님에게 볼멘소리를 했어요.

"지금 철딱서니 없는 것들이 뭐라고 하는지 듣고 있습니까?"

"잘 듣고 있습니다. 여러분은 성경에 '내가 아이들과 아기들의 입에서 나오는 말로 찬양의 집을 꾸미겠다'고 적힌 걸 보지 못했습니까?"

그래요. 하나님은 다른 누구도 아닌 아이들의 입에서 나오는 말로 찬양의 집을 짓는 분이시랍니다!

아이와 함께
드리는 기도

✝ ✝ ✝ ✝ ✝ ✝ ✝ ✝

예수님 고맙습니다.

세상 누구보다
아기와 아이를 사랑하는 예수님 고맙습니다.
예수님이 먼저 아기로 태어났고
아이로 지내셨기에
누구보다 아이의 삶을 잘 알고
헤아리십니다.

어린아이를 환대하면
예수님을 환대하는 것이고
예수님을 환대하면
아버지를 환대하는 것이라 하신 주님.

우리에게 주신 자녀를 받아들임으로
주님을 모시게 하시고
세상의 모든 아이를 맞이함으로

아버지를 맞이하는 특권을 누리게 해주세요.

예수님의 이름으로 기도합니다.
아멘.

엄마·아빠를 위한 묵상

✝ ✝ ✝ ✝ ✝ ✝ ✝ ✝

예수님은 방 한가운데 어린아이 하나를 세우시고, 아이를 품에 안으며 말씀하셨다. "누구든지 이 어린아이들 가운데 하나를 나처럼 품으면 곧 나를 품는 것이고, 또 나를 훨씬 넘어서서 나를 보내신 하나님을 품는 것이다." (마가복음 9:36~37 메시지성경)

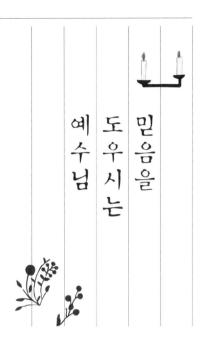

믿음을
도우시는
예수님

남달리 아이들을 사랑한 예수님은 많은 능력을 아이들에게 베푸셨
어요. 아이의 병을 고치고, 아이를 괴롭히는 귀신을 쫓아내며, 죽은 아
이를 살리기도 하셨지요.

한번은 예수님이 산에서 내려오는데 큰 무리가 모였어요. 제자들이
율법학자들과 말다툼을 하느라 시끄러웠지요. 사람들은 예수님을 보
자 반가운 마음으로 맞이했어요.

"와아, 예수님이다!"

"마침 잘 오셨어요, 예수님."

무리 중에 한 남자가 나와서 대답했어요.

"선생님, 여기 제 아들이 귀신이 들려 말을 못 합니다. 귀신이 발작을 일으키게 하면 아이가 땅바닥에 쓰러져 뒹굽니다. 입엔 거품을 물고 몸은 막대기처럼 뻣뻣해집니다. 선생님의 제자들에게 귀신을 쫓아달라고 부탁했지만 소용없었습니다."

예수님은 속이 탔어요.

"아, 어쩌면 이렇게 믿음이 부족합니까? 내가 언제까지 여러분과 함께 있어야 합니까? 아이를 이리로 데려오세요."

아이를 예수님 앞에 세우자 귀신은 아이가 다시 발작을 일으키게 했어요. 아이는 맨땅에 쓰러져 입에 거품을 뿜고 사지를 뒤틀었어요. 예수님이 아이 아빠에게 물었어요.

"이렇게 된 지 얼마나 되었나요?"

"어려서부터 그랬습니다. 귀신이 우리 애를 죽이려고 불 속에 뛰어들게도 하고 물속에 빠뜨리기도 했습니다. 한두 번 죽을 뻔한 게 아닙니다. 흑흑, 불쌍한 내 새끼…… 예수님, 할 수 있다면 좀 도와주세요! 우리 애를 불쌍히 여겨주세요!"

"'할 수 있다면'이라니요? 믿는 사람에게는 안 되는 일이 없습니다."

어떻게든 자식을 살리고 싶은 아빠는 울먹이면서 큰 소리로 외쳤습니다.

"예수님, 제가 믿습니다! 부족한 제 믿음을 도와주십시오!"

사람들이 몰려드는 것을 보시고 예수님은 악한 귀신을 꾸짖었어요.

"말 못 하게 하고 듣지 못하게 하는 귀신아, 들어라. 내가 너에게 명한다. 그 아이에게서 썩 나와 다시는 얼씬거리지 마라!"

귀신은 비명을 지르고 몸부림을 치면서 아이에게서 나갔어요. 아이는 풀썩 땅바닥에 쓰러졌어요. 몸이며 얼굴에 핏기가 하나도 없어서 마치 송장 같았어요. 사람들은 웅성거렸어요.

"아이가 죽었다. 아이가 죽었어!"

사람들의 염려를 뒤로 하고 예수님은 아이를 향해 몸을 숙였어요. 아이의 손을 잡아당기자 아이가 일어났어요. 아무 일도 없다는 멀쩡한 표정이었어요. 더는 귀신이 아이를 괴롭히지 못하게 되었어요. 아빠의 눈물의 기도가 응답을 받았어요.

나중에 제자들은 예수님께 넌지시 물었어요.

"예수님, 그때 왜 저희는 악령을 쫓아내지 못했을까요?"

"기도가 아니고서는 그런 일을 할 수가 없습니다."

예수님의 명쾌한 답변이었어요.

✦ ✦ ✦

예수님은 이스라엘 땅에서뿐만 아니라 멀리 다른 나라에도 복음을 전하고 능력을 베풀었어요. 한번은 지금의 레바논 지역인 티레와 시돈에 도착했어요. 몰려드는 인파를 피해 몰래 어느 집에 들어가 계셨지만 사람들은 어떻게든 알아내서 찾아왔어요. 예수님의 소문이 이웃 나라에까지 퍼졌거든요. 한 여자가 예수님의 발 앞에 무릎을 꿇고 귀신 들린 자기 딸을 도와달라고 애원했어요. 이 여인은 시리아 페니키아 출신의 그리스인이었어요.

그런데 예수님은 평소와 달랐어요. 세상 따뜻한 예수님의 입에서 차가운 말이 나왔어요.

"먼저 자녀들이 배불리 먹어야 해요. 자녀들이 먹을 밥을 빼앗아 개들에게 던져주는 건 옳지 않지요."

아니, 뭐라고요? 고통당하는 사람을 불쌍히 여기고, 더구나 자식을 둔 부모의 아픔만큼은 그냥 지나치지 못하는 예수님이 저렇게 상처가 되는 말을 하다니요! 사람들은 당황한 표정으로 예수님을 바라봤어요.

믿을 수가 없었거든요.

하지만 여인은 뜻을 굽히지 않았어요. 예수님이라면 딸을 낫게 해줄 거라 믿었거든요.

"옳습니다, 주님. 하지만 상 밑의 개들도 자녀들이 흘리는 부스러기를 먹지 않나요?"

예수님은 이 말에 감동을 받았어요. 예수님은 여인의 믿음을 키워주려고 일부러 모진 말씀을 하셨거든요.

"그대의 믿음이 남다르군요. 이제 집에 가보세요. 딸을 괴롭히던 귀신이 이미 떠나갔습니다."

여인이 헐레벌떡 집에 가보니 과연 귀신은 나가고 어린 딸은 평안한 얼굴로 누워 있었어요.

아이와 함께
드리는 기도

✝ ✝ ✝ ✝ ✝ ✝ ✝ ✝

예수님 고맙습니다.

우리에게 부모가 되는 특권과 의무를 주셔서 고맙습니다.
하지만 좋은 부모가 되기에 우리의 인격과 믿음이 참 부족합니다.

부족한 우리를 있는 모습 그대로 사랑하시는 주님,
부모인 제게 사랑을 더해주세요.
주님의 성품을 더해주세요.
무엇보다 믿음을 더해주세요.

귀신 들린 자식을 살리려고
"제가 믿습니다. 저의 믿음 없음을 도와주세요!"라고 울부짖던
아버지를 실제로 본 적은 없지만
그 표정과 목소리가 눈과 귀에 선합니다.

믿는 자에게 능치 못함이 없다고 하신 주님,
저희의 믿음이 부족함을 도와주세요.

주님이 맡기신 자녀를 키우기에 넉넉한 믿음을 주세요.

아이를 사랑하고 아이의 부모를 도우시는
예수님의 이름으로 기도합니다.
아멘.

엄마·아빠를 위한
묵상

✝ ✝ ✝ ✝ ✝ ✝ ✝ ✝

사도들이 주께 말하기를 "우리에게 믿음을 더하여 주십시오" 하니, 주께서 말씀하셨다. "너희에게 겨자씨 한 알만 한 믿음이라도 있으면, 이 뽕나무더러 '뽑혀서, 바다에 심기어라' 하면, 그대로 될 것이다." (누가복음 17:5 표준새번역)

구 절 필 사

다음의 구절을 따라 적으며 하나님의 은혜를 아기에게 들려주세요.

예수님은 방 한가운데 어린아이 하나를 세우시고, 아이를 품에 안으며 말씀하셨다. "누구든지 이 어린아이들 가운데 하나를 나처럼 품으면 곧 나를 품는 것이고, 또 나를 훨씬 넘어서서 나를 보내신 하나님을 품는 것이다." (마가복음 9:36~37 메시지성경)

감 사 일 기

태어날 아기를 생각하며 오늘의 감사 일기를 적어보세요.

8

CHAPTER

고 백 과
십 자 가 의
이 야 기

✳ ✳ ✳

예수님께서 말씀하셨습니다.

“내 계명은 곧 ‘내가 너희를 사랑한 것 같이

너희도 서로 사랑하라’ 하는 이것이니라.

사람이 친구를 위하여 자기 목숨을 버리면

이보다 더 큰 사랑이 없나니

너희는 내가 명하는 대로 행하면 곧 나의 친구라.”

바다
한가운데서

어느 날 저녁에 예수님은 제자들에게 말씀하셨어요.

"갈릴리 바다 건너편으로 갑시다!"

갈릴리 바다는 원래 호수인데 워낙 커서 흔히들 바다라고 불렀어요. 예수님 말씀이 떨어지자 제자들은 뒤를 따르던 백성들을 다 집으로 돌려보냈어요. 그런 다음에 예수님과 함께 배에 올랐습니다. 배가 출발하고 얼마 되지 않아 예수님은 깊은 잠에 들었어요.

예수님과 제자들이 탄 배는 갈릴리 호수를 가르며 건너편을 향해 나아갔습니다. 그런데 갑자기 시커먼 먹구름이 몰려와 하늘이 캄캄해졌어요. 거센 바람이 휘몰아치고 돛은 찢어질 듯 나부꼈어요. 공룡만큼 커다란 파도가 뱃머리를 내리쳤어요.

앗, 큰일 났어요! 갑판엔 벌써 물이 차올랐어요. 이러다 배가 가라앉으면 어쩌지. 제자들은 겁에 질려 허둥지둥댔어요.

"아악, 무서워!"

"이러다 다 죽겠다!"

이 난리에도 예수님은 단잠에 빠졌습니다. 제자들이 어떻게 하나 보려고 자는 척한 게 아니었어요. 너무 고단해서 폭풍이 몰아치는 와중에도 곯아떨어졌어요. 예수님은 이 마을 저 마을로 다니며 복음을 전하고 귀신을 쫓고 병든 사람을 고치는 등 눈코 뜰 새 없이 바쁘게 지냈어요. 어디를 가든 사람들은 예수님이 묵는 집 앞에 진치고 서서 그분을 기다렸어요. 예수님은 그런 사람들을 일일이 만나주시고 밤늦게까지 사랑으로 대해주셨어요. 길을 걸어가도 다르지 않았어요. 남녀노소 가릴 것 없이 그분에게 손이라도 한번 대보려고 밀어닥쳤으니 얼마나 피곤했겠어요. 그런데도 날이 채 밝지 않은 새벽에 일어나 한적한 곳에서 기도하셨으니 잠이 부족할 수밖에요.

제자들은 곤히 잠든 예수님을 깨우며 원망했어요.

"예수님, 우리가 다 죽게 생겼는데 이리 천하태평이십니까?"

예수님은 졸린 눈을 비비더니 눈을 떴어요. 주위를 둘러보시곤 사태를 짐작했지만 전혀 놀라지 않았어요. 조용히 일어나 뱃머리에 서서 풍랑이 이는 바다 쪽으로 향했어요. 예수님은 누군가에게 조용히 하라고 할 때처럼 검지를 입에 대고는 바람을 꾸짖었어요. 그 목소리는 따뜻하고도 위엄이 있었어요.

"바람아, 쉬잇~! 잠잠해져라."

놀랍게도 사납게 날뛰던 바람이 순식간에 차분해졌어요. 살랑살랑 꽃잎을 간지럽히는 산들바람으로 바뀌었답니다.

이번엔 파도에게도 말씀하셨어요.

"파도야, 쉬잇~! 너도 이제 그만해야지."

집채만 한 파도 역시 죄송하다며 고개를 숙이고는 더는 몸을 일으키지 않았어요. 갈릴리 바다는 엄마 젖을 물고 잠든 아기처럼 고요해졌답니다. 제자들은 이 광경을 보고는 놀라서 입을 다물 수가 없었어요.

예수님은 몸을 돌이켜 제자들도 나무랐어요.

"어째서 그렇게 두려워합니까? 아직도 믿음이 없습니까?"

배에 탄 모든 사람이 깜짝 놀라서 수군거렸어요.

"대체 이분은 누구지?"

"내 말이……. 어떻게 바람과 파도까지 순종하느냔 말이야."

✦ ✦ ✦

그 뒤에 예수님은 또다시 제자들과 함께 갈릴리 바다를 건넜어요. 그 땐 제자들만 먼저 배에 태워 보냈어요. 예수님은 홀로 산에서 기도하고 싶었거든요. 아무도 없는 산에서 밤새 하나님 아버지와 이야기를 나누셨어요.

기도를 마친 예수님은 제자들을 따라나섰어요. 제자들이 탄 배는 육지를 떠나 상당히 먼 바다까지 나갔는데 바람이 휘몰아쳐서 파도가 높았어요. 놀랍게도 예수님은 파도치는 바다 위를 성큼성큼 걸어 제자들이 탄 배로 다가갔어요. 어떤 형체가 점점 가까이 오는 걸 본 제자들은 소름이 끼쳤어요.

"저, 저게 뭐야!"

"아악~ 유령이다!"

그때는 하루 중 가장 어두운 새벽 4시였어요. 온통 캄캄한 바다 위에 사람처럼 생긴 허연 물체가 다가오니 얼마나 무서웠겠어요.

"납니다. 무서워하지 말아요."

예수님은 제자들을 안심시켰어요. 그때 행동파인 베드로가 입을 열었어요.

"주님, 정말 주님이라면 제게 물 위로 걸어오라고 해주세요."

"이리로 걸어와요, 베드로."

예수님의 말이 떨어지자 베드로는 물 위로 발을 내딛었어요. 담대하게 한 발 한 발 예수님 쪽으로 나아갔어요. 오오, 내가 물 위를 걷다니! 그런데 출렁이는 파도를 보자 베드로는 두려운 마음이 들었어요. 그 순간 두려움이 베드로를 물속으로 잡아당겼어요.

"주님, 살려주세요!"

몸이 바다로 빠져들자 베드로는 소리쳤어요. 예수님은 즉시 손을 내밀어 베드로를 붙잡았어요.

"왜 의심하세요? 왜 그렇게 믿음이 약합니까?"

예수님이 베드로와 함께 배에 오르자 사납게 일던 바람이 뚝 그쳤습니다. 배에 탄 모든 제자들은 놀라움을 금하지 못했어요. 그들은 예수님께 절을 올리며 이렇게 믿음의 고백을 드렸지요.

"주님은 참으로 하나님의 아들이십니다."

아이와 함께
드리는 기도

+ + + + + + + +

하나님 고맙습니다.

삶에 풍랑이 일 때
고요하게 하는 예수님이
나와 같은 배를 탔다는 사실을
잊지 않게 해주세요.

예수님이 한번 꾸짖으면
우리를 두렵게 하는 모든 것이 잠잠해짐을
믿게 해주세요.

그런 예수님을 신뢰함으로
매일 밤 편히 잠자리에 드는 우리 아기가
되게 해주세요.

주님,
주님은 바람과 파도에게만 잠잠하라고 하지 않았습니다.

우리에게도 잠잠하라고 하셨지요.

"너희는 잠잠히 있어 내가 하나님임을 알거라." (시편 46:10)
침묵을 배우게 하시고 하나님이 하나님임을 배우게 해주세요.

예수님의 이름으로 기도합니다.
아멘.

엄마·아빠를 위한 묵상

✝ ✝ ✝ ✝ ✝ ✝ ✝ ✝

내가 평안히 눕고 자기도 하리니 나를 안전히 거하게 하시는 이는 오직
여호와시니이다. (시편 4:8 개역한글)

마지막 한 주간

예수님과 제자들은 유월절 명절을 보내려고 예루살렘으로 향했어요. 예루살렘 근처에 도착하자 예수님은 제자 둘을 불러 희한한 부탁을 하셨어요.

"맞은편 마을로 가면 아직 아무도 타지 않은 나귀 새끼가 매여 있을 겁니다. 줄을 풀어서 내게 데려오세요. 누군가 '당신들 뭐 합니까?' 하면 '주님이 나귀를 쓰신대요'라고 답하세요."

두 제자는 어리둥절한 표정을 지었어요. 근데 가서 보니 정말 예수님 말씀대로 나귀가 있네요. 나귀를 묶은 끈을 풀자 주인이 나타났어요.

"왜 남의 나귀를 가져갑니까?"

"주님이 필요하시답니다"

예수님께 들은 대로 말하니 주인은 순순히 나귀를 내어주었어요.

＋ ＋ ＋

제자들은 데려온 나귀 등에 겉옷을 깔고 예수님을 태웠어요. 당시 왕들은 위엄 있어 보이는 키 큰 말을 탔지만 겸손한 왕 예수님은 키 작은 어린 나귀를 탔어요.

예수님이 나귀에 올라 예루살렘 성으로 나아가자 사람들은 자기 겉옷과 종려나무 가지를 길에 펼쳐놓고 주님을 환영했어요. 수많은 제자들이 흥에 겨워 열광적인 찬양을 불렀어요.

복되다, 주의 이름으로 오시는 왕이여!

하늘에는 평화, 가장 높은 곳에는 영광!

그 자리에 있던 바리새인 몇 명이 예수님에게 따졌어요.

"선생님, 당신 제자들이 지금 뭐라고 하는지 듣고 계세요? 저들의 입을 단속하세요."

예수님은 대꾸했어요.

"이들이 잠잠하면 돌들이 대신 찬양할 겁니다."

✦ ✦ ✦

다음 날 성전으로 향한 예수님은 몹시 화가 나셨어요. 성전에는 하나님께 제물로 바칠 소, 양, 비둘기를 팔며 바가지를 씌우는 상인들과 성전세를 내려고 동전을 바꿀 때 터무니없는 수수료를 물리는 환전상들이 활개를 쳤어요. 이들은 하나님을 경배하러 온 백성들의 돈을 뜯어내 주머니를 채웠고, 이들의 뒤에는 자릿세를 받고 불법 행위를 눈감아 주는 대제사장들이 있었어요.

하나님의 집이 불법이 판치는 곳이 되다니! 예수님은 의분에 몸을 떨며 소리쳤어요.

"내 아버지의 집은 기도하는 집인데 이렇게 강도의 소굴로 만들어버리다니!"

예수님은 노끈으로 채찍을 만들어 동물과 함께 상인들을 성전에서 쫓아냈어요. 환전상의 상을 엎고 돈을 쏟아버렸어요. 과격하기 이를 데

없는 예수님의 모습을 보고 제자들은 성경 말씀을 떠올렸어요.

'주의 집을 사모하는 열정이 나를 삼켰습니다.'

✦ ✦ ✦

이틀 후에 예수님은 절친인 나사로, 마르다, 마리아의 집에서 저녁을 즐겼어요. 한창 먹고 마시는데 마리아가 값진 향유가 든 옥합을 안고 들어왔어요. 그는 향유를 예수님의 발에 붓고 자신의 긴 머리칼로 닦았습니다. 향기가 집 안을 가득 채웠어요. 하지만 예수님의 몇몇 제자는 충격을 받았고 심지어 화를 냈어요.

"저렇게 비싼 향유를 낭비하다니! 저걸 팔아 불쌍한 사람들을 도우면 얼마나 좋았을까."

예수님이 말했습니다.

"이분은 나의 장례식을 앞두고 이내 몸을 준비해 주었어요. 가난한 사람을 도울 기회는 많습니다. 가난한 분들은 늘 여러분 곁에 있지만 나는 그렇지 않아요. 복음이 전해지는 곳마다 이분의 이야기도 전해질 거예요."

예수님은 이 세상을 떠나 하나님께로 돌아가야 할 때가 되었음을 알았어요. 예수님은 자신의 사람들을 사랑하되 끝까지 사랑하셨답니다.

＊　＊　＊

　　예수님은 저녁 식사 자리에서 겉옷을 벗고 수건을 둘렀어요. 대야에
물을 담아 제자들의 발을 씻어주었어요. 그들은 충격을 받았어요.

　　"이건 종이나 하는 일인데 어째서 예수님이……."

　　예수님은 말없이 제자들의 발을 닦아주었어요. 베드로는 제 차례가
되자 펄쩍 뛰었어요.

　　"예수님, 제 발은 절대 안 돼요!"

　　"그러면 베드로는 나와 아무 상관이 없는 사람이 돼요."

　　"그러면 주님, 제 손과 머리도 씻겨주세요!"

　　"아침에 목욕한 사람은 발만 닦으면 된답니다."

　　예수님은 친구들의 발을 다 씻기고 나서 자리에 앉았습니다.

　　"내가 무엇을 했는지 이해하나요? 여러분은 나를 주님이라 부르지
만 나는 종처럼 여러분의 발을 씻겼어요. 여러분은 나를 본받으세요.
내가 여러분을 섬겼듯이 여러분도 서로를 섬기세요."

　　그리고는 열두 제자와 함께 저녁을 드셨어요. 십자가에 못 박히기 전
에 드신 마지막 식사였어요. 친구들이 식탁에 둘러앉자 예수님은 빵 한
덩이를 집어 들었어요. 하나님께 감사하고 빵을 쪼개어 한 명, 한 명에

게 나누었습니다.

"이 빵은 내 몸입니다."

이날 밤 식사 자리에는 예수님을 팔아넘길 가룟 유다도 있었어요. 예수님은 유다가 자신을 배신할 줄을 알면서도 자신의 몸을 나눠주었습니다.

그런 다음 포도주 잔을 들었습니다. 다시 하나님께 감사하고 잔을 친구들에게 돌렸어요.

"이 포도주는 내 피입니다. 죄를 용서하려고 많은 사람을 위해 쏟는 피입니다. 앞으로 식사를 할 때마다 나를 기억하세요. 하나님의 꿈이 언젠가 이뤄질 것을 기억하세요."

아이와 함께
드리는 기도

✝ ✝ ✝ ✝ ✝ ✝ ✝ ✝

사랑의 주님, 고맙습니다.

십자가에 못 박히기 전에
한 주간 드러내신 주님의 말씀과 행적은
얼마나 아름다운지요!

이 세상 어떤 선행과 지혜보다
더 빛나는 보석입니다.
이내 가슴에 박아두고
평생 빼고 싶지 않습니다.

어린 나귀를 타고 오신 겸손한 주님을
본받고 싶습니다.
불의에 의로운 분노로 맞선 주님을
닮고 싶습니다.
마리아의 거룩한 낭비를 배우고 싶습니다.

종처럼 발을 씻긴 주님처럼
낮은 자리에서 섬기게 해주세요.
식사의 자리마다 주님의 살과 피를
기억하게 해주세요.

예수님의 이름으로 고개 숙입니다.
아멘.

엄마·아빠를 위한 묵상

+ + + + + + + +

내 계명은 곧 내가 너희를 사랑한 것같이 너희도 서로 사랑하라 하는 이
것이니라. 사람이 친구를 위하여 자기 목숨을 버리면 이보다 더 큰 사랑
이 없나니 너희는 내가 명하는 대로 행하면 곧 나의 친구라. (요한복음
15:12~14 개역개정)

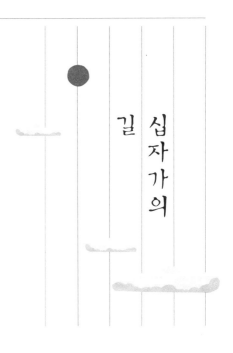

십자가의 길

예수님과 제자들은 마지막 식사를 마치고 겟세마네 동산에 올랐습니다. 예수님은 세상의 모든 죄를 대신 지려고 이 땅에 오셨지만 막상 그 순간이 다가오자 외롭고 두려웠습니다. 예수님은 자신의 연약함을 숨기지 않고 제자들에게 드러냈어요.

"내 마음이 괴로워 죽을 것 같습니다. 여기에 머물러 나와 함께 깨어 있어줘요."

하지만 제자들은 잠들고 말았습니다. 예수님이 다가가 깨어 기도하라고 말했지만 그들은 이번에도 졸음을 이기지 못했습니다. 예수님은 십자가의 길을 앞두고 홀로 남아 기도했습니다.

"아버지, 할 수 있다면 이 고난의 잔을 거두어주세요. 제가 마시지 않고 지나가게 해주세요. 하지만 제 뜻대로 마시고 아버지의 뜻대로 하세요."

예수님은 처음엔 십자가를 피하게 해달라고 요청하시다가 나중엔 마음을 정하셨습니다.

"아버지, 제가 마시지 않고는 이 잔이 떠나지 않는다면 아버지의 뜻대로 하세요."

그리고는 제자들을 깨워 당신을 잡으러 오는 이들을 맞이하러 나갔습니다.

"일어나 갑시다. 나를 넘겨줄 자가 가까이 왔네요."

말씀하신 대로 대제사장들과 백성의 장로들이 보낸 사람들이 칼과 몽둥이를 들고 예수님에게 들이닥쳤습니다. 얼마 전까지만 해도 두려움에 떨었던 예수님은 자신에게 어떤 일이 닥칠지 아시고도 앞으로 나아갔어요.

"당신들이 찾는 사람이 납니다."

예수님은 아버지께 군대를 청해 저들을 물리칠 수도 있었습니다. 하지만 하나님의 꿈을 이루고자 순순히 잡혔습니다. 예수님은 대제사장 가야바의 집으로 끌려갔습니다. 남자 제자들은 무서워서 모두 달아났습니다.

✦ ✦ ✦

가야바의 집에는 장로들, 율법학자들, 역대 대제사장들이 모였습니다. 예수님을 눈엣가시처럼 여긴 그들은 예수님을 사형에 처할 거짓 증거를 찾았어요. 그들은 예수님께 물었습니다.

"당신이 과연 하나님의 아들 그리스도요?"

예수님은 그동안 당신이 누구인지 철저히 숨겼지만 이제는 모든 걸 밝힐 때가 되었어요.

"그대가 이미 말하였군요. 잘 들으시오. 당신들은 내가 전능하신 분의 오른편에 앉아 있는 것과 하늘의 구름을 타고 오는 것을 보게 될 것입니다."

예수님이 하나님의 아들임을 믿지 않은 그들은 격분했어요. 예수님 얼굴에 침을 뱉고 주먹과 손바닥으로 때렸어요.

✦ ✦ ✦

　다음 날 이른 아침, 그들은 예수님을 총독 빌라도에게 끌고 갔어요. 당시 이스라엘은 로마가 다스렸기에 사형에 처할 큰 죄인은 로마에서 보낸 총독이 재판을 했어요.

　예수님을 심문한 빌라도는 죄가 없음을 알고 풀어주려고 했어요. 하지만 대제사장들과 장로들은 백성을 부추겨서 예수님을 십자가에 못 박아 죽이라고 난동을 피웠어요.

　"그를 십자가에 못 박으세요! 그 피를 우리와 우리 자손들에게 돌리세요!"

　빌라도는 예수님이 무고함을 알면서도 폭동이 일어나면 자신의 출셋길이 막힐까 봐 예수님을 죽이라며 내어줬어요.

✦ ✦ ✦

　병사들은 예수님을 무자비하게 채찍질했어요. 예수님에게 가시관을 씌우고 왕이 입는 진홍색 망토를 입힌 다음 "유대인의 왕 만세!"라고 희롱하며 조롱했어요. 그런 다음 나무로 만든 무거운 십자가를 지워 성문 밖 골고다 언덕까지 가게 했어요.

사형장에 도착하자 병사들은 예수님을 십자가에 못 박고 매달았어요. 강도 두 사람이 예수님의 좌우에서 함께 십자가형을 당했어요.

형제 제자들은 예수님을 버리고 달아났지만 예수님의 어머니 마리아와 예수님의 복음 사역을 돕던 자매 제자들은 울면서 끝까지 자리를 지켰어요.

✦ ✦ ✦

예수님은 하나님께 기도했어요.

"아버지, 저 사람들을 용서해 주세요. 저들은 하나님의 꿈을 이해하지 못합니다. 자신들이 무슨 일을 하는지 알지 못합니다."

지나가는 사람들이 고개를 흔들면서 예수님을 모욕했어요.

"당신이 하나님의 아들이면 지금 자신이나 구원해 보지 그래! 십자가에서 내려와 보라고!"

대제사장들도 율법학자 및 장로들과 함께 조롱했어요.

"이자가 남은 살리면서 자신은 못 살리나 보네! 자기가 하나님의 아들이라 했으니 하나님이 어디 살려보시라지!"

함께 십자가에 달린 강도 하나도 비웃었어요.

"당신은 그리스도가 아닌가? 자신도 살리고 우리도 좀 살려보시지."

그러나 다른 강도는 그를 꾸짖었어요.

"너는 하나님이 두렵지도 않으냐? 우리야 죄를 저질러 벌을 받지만 이분은 아무런 잘못도 없다! 예수님, 당신의 나라에 들어갈 때 저를 기억해 주세요."

예수님이 그에게 말했어요.

"당신은 오늘 나와 함께 낙원에 있을 겁니다."

✦ ✦ ✦

낮 열두 시부터 어둠이 온 땅을 덮더니 오후 세 시까지 내내 컴컴했어요. 예수님은 큰 소리로 절규했어요.

"나의 하나님, 나의 하나님, 어찌하여 나를 버리셨나요?"

그 어떤 고통과 조롱도 참아내던 예수님도 하나님과 끊어지는 것은 견딜 수 없었어요. 죄로 하나님과 멀어진 우리가 하나님과 다시 가까워지려면 예수님이 대신 버림을 받아야 했어요.

마지막 순간이 다가오자 예수님은 다시 한 번 크게 부르짖었어요.

"내 영혼을 아버지 손에 맡깁니다!"

이 말씀을 하시고 예수님은 숨을 거두셨어요. 예수님이 돌아가시자 성전의 커튼이 위에서 아래까지 두 폭으로 찢어졌어요. 지진이 나서 땅이 흔들리고 바위가 갈라졌어요. 무덤이 열려 잠자던 많은 성도가 살아났어요. 현장을 지키던 로마 백부장이 외쳤어요.

"이분은 정말 하나님의 아들이었구나!"

아이와 함께
드리는 기도

✝ ✝ ✝ ✝ ✝ ✝ ✝ ✝

예수님 고맙습니다.

우리를 위해 겪으신 고통과
우리를 위해 당하신 모욕을 기억합니다.

우리를 위해 내침을 당하고
하나님을 원망하던 주님을 생각합니다.

세상 모든 이가 내게 등을 돌리더라도
하나님은 나를 팔 벌려 맞아주십니다.

아무리 외롭고 혼자라고 느낄 때에도
우리는 결코 혼자일 수가 없습니다.

그런데, 그런데 예수님은
아버지에게조차 버림받고 끊어지셨습니다.

갖은 고통과 모욕에도 털 깎이는 어린양처럼 잠잠하던 분이
부모와 단절되는 것은 견디지 못하고 절규하셨습니다.
"나의 하나님, 나의 하나님, 어찌 나를 버리셨나이까!"

덕분에 저희가 하나님 품에 안겨 이렇게 기도합니다.
덕분에 저희 아기가 부모의 품에 안겨 잠이 듭니다.

우리를 위해 대신 죽으신 주님 앞에 고개를 숙입니다.
살려주신 은혜 평생 잊지 않고 살겠습니다.

십자가 지신 예수님의 이름으로 기도합니다.
아멘.

엄마·아빠를 위한
묵상

✝ ✝ ✝ ✝ ✝ ✝ ✝ ✝

예수께서 신 포도주를 드시고 "다 이루었다" 하고 말씀하신 뒤에, 머리
를 떨어뜨리시고 숨을 거두셨다. (요 19:30 표준새번역)

구 절 필 사

다음의 구절을 따라 적으며 부활의 놀라움을 아기에게 들려주세요.

내 계명은 곧 내가 너희를 사랑한 것같이 너희도 서로 사랑하라 하는 이것이니
라. 사람이 친구를 위하여 자기 목숨을 버리면 이보다 더 큰 사랑이 없나니 너희
는 내가 명하는 대로 행하면 곧 나의 친구라. (요한복음 15:12~14 개역개정)

감 사 일 기

태어날 아기를 생각하며 오늘의 감사 일기를 적어보세요.

9
CHAPTER

주안에서 다시
일 어 서 는
이 야 기

✻ ✻ ✻

우리가 자식을 위해 밤잠을 설치기에 아이가 단잠을 잡니다.

고단한 몸을 어떻게든 움직이기에 아이가 아이답게 지냅니다.

눈물이 나지만 아이 앞에서 웃기에 아이가 구김살 없이 자랍니다.

부모가 서서히 녹슬어가기에 아이가 빛을 받아 반짝입니다.

그렇게 조금씩 당신의 죽음을 흉내 내는 특별한 은혜를 받아 누립니다.

우리 아이도 언젠간 커서 누군가를 위해 죽어가겠지요.

그렇게 생명을 낳고 키우게 해주세요.

날마다
죽는
예수님

"예수님은 십자가에서 죽으셨다"
우리는 그렇게 말하지만
십자가를 지기 오래전부터
주님은 날마다 죽으셨습니다.
구유에서 십자가까지, 주님이 죽으신 덕분에
요람에서 무덤까지, 우리가 구원을 누립니다.

우리 아기가 잉태되자마자
가족의 환영과 이웃의 축복을 받게 하시려고
아기 예수는 엄마 배 속에서부터
사생아라는 눈총과 미움을 받았습니다.

우리 아기가 안전하고 위생적인 환경에서 태어나게 하시려고
당신은 똥오줌 냄새가 진동하는 마구간에서 탄생했습니다.

우리 아가의 귀여운 배꼽을 물끄러미 보고 있자니
당신의 탯줄은 대체 무엇으로 끊었을까 싶어 송구합니다.

우리 아기가 안락한 요람에서 두 팔 벌려 나비잠을 자게 하시려고
아기 예수는 헤롯의 칼을 피해 먼 이집트까지
사막의 열기와 모래바람을 견뎌야 했습니다.

아이 예수가 빈민가이자 우범지대인 나사렛에 거하신 덕에
우리 아기가 안전하고 쾌적한 환경에서 지냅니다.

당신이 가난한 목수 집안의 장남으로 소싯적부터 노동한 덕에

우리 아이가 천진한 표정을 지으며 맘껏 뛰놉니다.

우리 아기가 커서 돈과 권세에 시험 들지 않게 하시려고
당신이 먼저 마귀에게 생계와 권력의 시험을 받았습니다.

우리 아이가 살아가면서 주위 사람에게 인정받게 하시려고
당신은 고향 사람들에게 차가운 배척을 당했습니다.

우리 아이가 가족에게만큼은 따뜻한 이해를 얻게 하시려고
당신은 어머니와 형제들에게 미쳤다는 말을 들었습니다.

✦ ✦ ✦

당신이 종종 목마르고 주리셨기에
우리가 비만을 걱정할 정도로 배불리 먹고 살아갑니다.

당신이 겉옷과 속옷을 뺏기고 벌거벗은 채로 죽어갔기에
우리가 사시사철 때를 따라 좋은 옷 여러 벌을 갈아입습니다.

당신이 머리 둘 곳조차 없는 노숙자로 지내셨기에
우리가 작지만 아늑한 방에 몸을 누이곤 "집이 최고다!" 합니다.

당신이 폭풍 속에서도 잠들 만큼 피곤한 나날을 보내셨기에
우리가 주말 오후에 여유로운 산책길을 나섭니다.

당신이 겟세마네에서 마음이 괴로워 죽을 지경이었기에
우리가 살아가는 여러 날이 즐겁고 행복합니다.

당신이 당신을 죽이려는 자들을 피해 숨어 다니셨기에
우리가 콧노래를 흥얼대며 대로를 활보합니다.

당신이 성난 군중에게 떠밀려 낭떠러지에 몰렸기에
우리가 생명의 위협 없이 맘 편히 살아갑니다.

✦ ✦ ✦

우리가 택한 길을 공감하고 지지해 줄 벗을 얻게 하시려고
당신은 가장 가까운 베드로에게조차

당신의 길을 막아서는 일을 겪었습니다.

우리 곁에 사랑하는 이들이 머물게 하시려고
당신은 동고동락한 제자들에게 배신과 버림을 받았습니다.

우리가 자매 형제에게 너를 안 것이 축복이란 말을 듣게 하시려고
당신은 베드로에게 '모른다' 부인하며 저주하는 말을 들었습니다.

우리가 힘 있는 자들 앞에서도 자존심을 지키며 살게 하시려고
당신은 헤롯 앞에서 마술쇼를 보이라는 수모를 당했습니다.

우리 인생이 한낱 돈에 의해 팔려가지 않게 하시려고
당신은 스스로 은 서른 개에 팔려 가셨습니다.

✦ ✦ ✦

당신이 심문과 조롱을 받고 침 뱉음과 주먹질을 당했기에
우리가 시민으로서 인권을 누리며 살아갑니다.

당신이 머리에 가시관을 쓰고 선혈이 얼굴에 가득했기에
우리가 머리에 학사모를 쓰고 기쁨이 얼굴에 가득합니다.

당신이 채찍 맞은 몸으로 십자가를 지고 가신 덕분에
우리가 건강한 몸으로 내 십자가만 지고 가면 됩니다.

당신이 숨이 다할 때까지 십자가에 매어 있었기 때문에
우리가 생이 다할 때까지 돈과 쾌락, 성공에 매이지 않고 삽니다.

당신이 아버지에게 버림을 받고
"어찌하여 나를 버리셨나요!" 절규하였기에
우리가 버림을 받거나 그리스도의 사랑에서 끊어지지 않습니다.

당신이 십자가에서 타는 목마름을 호소하셨기에
우리가 영원히 목마르지 않는 생명수를 마십니다.

당신이 사흘 동안 캄캄함 무덤 속에 계셨기에
우리가 당당하게 빛 가운데에서 걸어갑니다.

당신이 나무에 달려 저주를 받았기 때문에
우리가 아버지 손에 달려 복에 겨워 살아갑니다.

당신이 죽으셨기에 우리가 살아갑니다.
날마다 죽으셨기에 매 순간 살아갑니다.

그렇게 당신의 덕을 누릴 때마다
우리도 당신처럼 죽게 하소서.

날마다 당신처럼 죽게 하소서.
또 다른 누군가를 살게 하도록.

아이와 함께
드리는 기도

✝ ✝ ✝ ✝ ✝ ✝ ✝ ✝

사랑의 예수님 고맙습니다.

예수님은 십자가에서만 죽지 않으셨습니다.
당신이 날마다 어디서나 죽으셨기에
우리가 매 순간 모든 곳에서 생명을 누립니다.

우리가 자식을 위해 밤잠을 설치기에
아이가 단잠을 잡니다.
고단한 몸을 어떻게든 움직이기에
아이가 아이답게 지냅니다.
눈물이 나지만 아이 앞에서 웃기에
아이가 구김살 없이 자랍니다.
부모가 서서히 녹슬어가기에
아이가 빛을 받아 반짝입니다.

그렇게 조금씩 당신의 죽음을 흉내 내는
특별한 은혜를 받아 누립니다.

우리 아이도 언젠간 커서 누군가를 위해 죽어가겠지요.

그렇게 생명을 낳고 키우게 해주세요.

죽음이자 생명이신 예수님의 이름으로 기도합니다.

아멘.

엄마·아빠를 위한 묵상

✝ ✝ ✝ ✝ ✝ ✝ ✝ ✝

우리에게 있는 대제사장은 우리 연약함을 체휼하지 아니하는 자가 아니요 모든 일에 우리와 한결같이 시험을 받은 자로되 죄는 없으시니라.

(히브리서 4:15 개역개정)

부활과 승천

　예수님이 돌아가시고 이틀이 지났습니다. 막달라 마리아를 비롯한 몇몇 여성 제자들은 해가 뜰 무렵에 예수님의 무덤을 찾았습니다. 그때 갑자기 큰 지진이 일어났어요! 주님의 천사가 무덤을 막은 돌을 굴리고 그 위에 앉았어요. 무덤을 지키던 경비병들은 천사를 보자 벌벌 떨었어요. 천사가 여성 제자들을 향해 말했어요.

　"두려워하지 마세요. 여러분이 십자가에 달리신 예수님을 찾는 줄

압니다. 그분은 여기에 계시지 않아요. 그분은 말씀대로 부활하셨습니다. 형제들에게 알리세요. 다시 사신 예수님이 먼저 갈릴리로 가서 기다린다고요."

할렐루야! 예수님이 부활하셨어요! 그들은 환희에 찼습니다. 어서 이 소식을 전하려고 뛰었습니다. 그런데 불쑥 예수님이 나타나 인사를 했어요.

"안녕하세요."

그들은 예수님의 발을 붙잡고 절했습니다.

"가서 나의 형제들에게 갈릴리에서 보자고 전하세요."

부활의 주님을 만난 그들은 돌아가서 외쳤습니다.

"주께서 다시 사셨습니다! 진실로 다시 사셨습니다!"

경비병들은 대제사장들에게 가서 일어난 일을 고했어요. 대제사장과 장로 무리는 병사들을 입막음했어요. 그들에게 큰돈을 쥐어주면서 제자들이 밤중에 몰래 예수의 시체를 훔쳐 갔다는 헛소문을 내라고 했어요.

예수님이 돌아가신 뒤로 형제 제자들은 자기들도 붙잡혀 갈까 봐 한데 숨어 문을 잠갔어요. 그날 저녁에도 문단속을 철저히 했어요. 갑자기 예수님이 그들 가운데 나타나셨어요.

"여러분에게 평화가 있기를!"

처음에 제자들은 유령인 줄 알고 무서워했어요.

"왜 의심하세요. 나를 만져보아요. 유령은 뼈와 살이 없지만 나는 있습니다."

예수님은 못 박힌 손과 창에 찔린 옆구리를 보이셨어요. 제자들은 주님인 줄 알아보곤 활짝 웃었어요.

"여러분에게 평화가 있기를! 아버지께 나를 보내신 것처럼 나도 여러분을 보냅니다."

그리고는 제자들을 향해 숨을 내쉬며 말씀하셨어요.

"성령을 받으세요."

그 자리에 열두 제자 중 하나인 도마는 없었어요. 그 일이 있은 후에 다른 제자들이 예수님이 살아나셨다고 말해도 도마는 믿지 않았어요.

"이 두 눈으로 그분의 못 자국을 보고 이 손을 그분의 손목과 옆구리에 넣기 전엔 못 믿겠어요."

8일 후, 그날은 도마도 그들과 함께 있었습니다. 이날도 빗장을 걸었지만 예수님이 스르르 찾아오셨어요.

"도마 형제, 내 못 자국에 손가락을 넣어봐요. 여기 내 옆구리에 손을 넣어봐요. 믿지 않는 자가 되지 말고 믿는 자가 되세요."

"나의 주, 나의 하나님!"

"도마는 나를 보았기 때문에 믿나요? 나를 보지 않고 믿는 사람들은 복됩니다."

✦ ✦ ✦

예수님은 부활하고 40일 동안 이 땅에 머무셨어요. 사도들을 자주 찾아와서 당신이 살아 계신 것을 보이고 하나님나라의 꿈을 들려주셨어요.

어느덧 예수님이 아버지께로 돌아갈 날이 되었어요. 사도들과 함께 올리브 산에 올라 유언처럼 마지막 말씀을 남기셨어요.

"성령이 여러분에게 임하시면 여러분은 능력을 받고, 예루살렘과 온 유대와 사마리아와 땅끝까지 이르러 내 증인이 될 겁니다. 내가 세상 끝 날까지 우리 친구들과 함께 있을 겁니다."

이 말씀을 끝으로 구름에 싸여 하늘로 올라가서 하나님 오른편에 앉으셨어요. 제자들이 하늘을 쳐다보는데 흰옷을 입은 두 사람이 그들 곁에 서서 말하였어요.

　　"갈릴리인 여러분, 왜 하늘만 쳐다봅니까? 여러분을 떠나 승천하신 예수님은 하늘에 오르신 모습 그대로 오십니다."

아이와 함께
드리는 기도

✝ ✝ ✝ ✝ ✝ ✝ ✝ ✝ ✝

부활의 주님, 고맙습니다.

주님께서 다시 살아나셔서
저희도 다시 삽니다.

주님이 부활하지 않았다면
우리처럼 불쌍한 사람이 또 있을까요.

다시 사신 주님 덕분에
사도 바울처럼 날마다 죽어도
날마다 삽니다.
아주 죽어도 아주 삽니다.

죽지 않으면 부활도 없는 것.
주님의 부활에 참여하기 위해
고난받음을 마다하지 않는
믿음을 주세요.

예수님의 이름으로 기도합니다.

아멘.

엄마·아빠를 위한 묵상

✛ ✛ ✛ ✛ ✛ ✛ ✛ ✛

내가 바라는 것은 그리스도를 알고, 그분의 부활의 능력을 깨닫고, 그분의 고난에 동참하여 그분의 죽으심을 본받는 것입니다. 그리하여 나는 어떻게 해서든지, 죽은 사람들 가운데서 살아나는 부활에 이르고 싶습니다. (빌립보서 3:10~11 표준새번역)

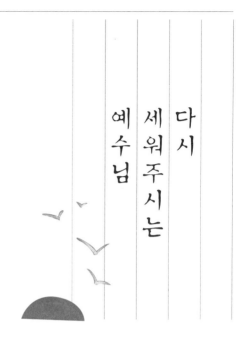

다시 세워주시는 예수님

베드로는 예수님의 제자입니다. 그는 물고기 잡던 어부였는데 예수님이 사람을 낚는 어부가 되게 하겠다며 제자로 불렀습니다. 원래 베드로의 이름은 시몬이었는데 예수님은 '반석'이란 뜻을 담아 베드로란 이름을 새로 지어주셨어요.

예수님은 3년간 동고동락하며 제자들을 하나님나라의 일꾼으로 훈련시켰어요. 이제 시간이 다하고 헤어질 날이 다가왔어요. 십자가에 못 박히기 전날 예수님은 제자들과 마지막 식사를 했어요. 밥을 먹고 나서 예수님은 앞으로 무슨 일이 일어날지 알려주셨어요. 먼저 시몬 베드로를 향해 입을 여셨어요.

"시몬, 시몬, 보아요. 사탄이 밀에서 겨를 가려내듯 여러분을 내게서 떼놓으려 안간힘을 썼습니다. 그러나 나는 그대의 믿음이 꺾이지 않도록 기도했습니다. 그대가 시험을 겪고 다시 돌아오면 자매와 형제를 굳세게 하세요."

이어 제자들 모두에게 말했어요.

"오늘 밤에 여러분은 모두 나를 버릴 겁니다. 성경에 '내가 목자를 치니 양 떼가 흩어질 것이다'라고 적혀 있습니다. 그러나 나는 다시 살아나서 여러분보다 먼저 갈릴리로 갈 겁니다."

충격적인 발언에 다들 놀랐습니다. 그때 베드로가 단호한 목소리로 맹세했어요.

"모든 사람이 다 주님을 버릴지라도, 나는 결단코 주님을 떠나지 않겠습니다."

하지만 예수님의 반응은 예상 밖이었어요.

"내가 진정으로 베드로에게 말합니다. 오늘 밤에 닭이 울기 전에, 그대가 나를 세 번 모른다고 할 겁니다."

베드로는 펄쩍 뛰며 장담했습니다.

"아닙니다! 저는 주님과 함께 죽는 한이 있어도 주님을 부인하는 일만큼은 절대 없을 겁니다!"

베드로의 맹세에 다른 제자들도 다 같이 입을 모았습니다.

"저희가 주님을 배신하다니요. 그런 일은 없을 겁니다!"

하지만 그날 밤 예수님이 겟세마네에서 잡혀갈 때 제자들은 자신들도 붙잡힐까 무서워 예수님을 버리고 전부 달아났습니다.

도망간 베드로는 홀로 멀찍이 예수님을 좇아 대제사장 가야바의 집 안뜰에 들어갔어요. 그는 예수님이 어떻게 될지 보기 위해 그 집 하인들 틈에 끼여 앉았어요.

그때 한 하녀가 베드로에게 다가왔어요.

"이봐요, 당신도 저 갈릴리 사람 예수와 함께 있던 사람이잖아요."

베드로는 일단 부인했어요.

"당신이 무슨 말을 하는지 모르겠네요."

베드로가 자리를 피하고자 대문을 향해 가자 다른 하녀가 거기 있던 사람들에게 말했어요.

"맞아요. 이 사람은 나사렛 예수와 함께 다녔어요."

베드로는 맹세까지 하면서 부인하였어요.

"나는 그 사람을 알지 못합니다."

잠시 후에 거기에 서 있는 사람들이 베드로에게 몰려왔어요.

"당신은 틀림없이 그들과 한패요. 당신의 갈릴리 사투리만 들어봐도 알 수 있거든."

베드로는 정색했어요. 내 말이 거짓말이면 천벌을 받겠다면서 저주하고 맹세까지 하며 부인했어요.

"나는 그 사람을 알지 못한다고요!"

베드로의 말이 채 끝나기도 전에 새벽닭이 큰 소리로 울었어요. 그때에 저 안쪽에 잡혀간 예수님이 몸을 돌려 베드로를 똑바로 바라보셨어요. 베드로는 "오늘 닭이 울기 전에 나를 세 번 모른다고 할 겁니다"라고 하신 말씀이 떠올라 바깥으로 나가서 통곡하며 서럽게 울었어요.

✦ ✦ ✦

예수님이 죽고 부활한 뒤에도 겁먹은 제자들은 숨어 지냈습니다. 예수님을 세 번이나 부인한 시몬 베드로는 너는 사도의 자격이 없다고 느껴서인지 자기는 물고기를 잡으러 가겠다고 했어요. 어쩌면 옛날 어부 시절로 돌아가고 싶었는지도 모르지요.

베드로의 말에 다른 제자들도 같이 간다며 따라나섰어요.

갈릴리 바다에 배를 띄워 밤새 그물질을 했지만 실력이 녹슬었는지 단 한 마리도 잡지 못했어요. 새벽에 기온이 뚝 떨어진 데다 밤이슬을 맞아서 으슬으슬 추웠어요.

어느새 동틀 무렵이 되었어요. 예수님이 바닷가에 들어섰으나 제자들은 예수님인 줄 몰랐어요. 예수님이 제자들에게 물었어요.

"어부님들, 무얼 좀 잡았습니까?"

"아뇨. 전혀 못 잡았습니다."

"그물을 배 오른편으로 던지고 어떻게 되는지 한번 보세요."

예수님 말씀대로 했더니 순식간에 수많은 고기가 걸려들었어요. 그물을 끌어올리지 못할 정도였어요.

"앗, 주님이시다!"

요한이 예수님을 알아보자 베드로는 바다에 첨벙 뛰어들어 뭍으로 헤엄을 쳤어요. 다른 제자들도 배를 몰아 뭍에 올라왔어요.

예수님은 춥고 배고픈 제자들을 위해 숯불을 피워놓고 빵과 생선으로 아침밥을 차렸어요.

"이리 와서 아침을 먹어요."

예수님은 가까이 와서 빵을 나눠 주고 구운 생선도 집어 주셨어요. 아침 식사를 마치고 예수님이 시몬 베드로에게 물었습니다.

"요한의 아들 시몬, 그대는 이 사람들보다 나를 더 사랑합니까?"

"주님, 그렇습니다. 내가 주님을 사랑하는 줄을 주님께서 아십니다."

"내 어린양 떼를 먹이세요."

예수님은 다시 베드로에게 물었어요.

"요한의 아들 시몬, 그대는 나를 사랑합니까?"

"주님, 그렇습니다. 내가 주님을 사랑하는 줄을 주님께서 아십니다."

"내 양 떼를 치세요."

예수님은 다시 한 번 물었습니다. 세 번 무너진 베드로를 세 번에 걸쳐 세워주려는 뜻이겠지요.

"요한의 아들 시몬, 그대는 나를 사랑합니까?"

주님께서 세 번이나 당신을 사랑하느냐고 묻자 베드로는 마음이 아파서 이렇게 답했어요.

"주님, 주님께서는 모든 것을 아십니다. 그러므로 내가 주님을 사랑하는 줄을 주님께서 아십니다."

"내 양 떼를 먹이세요. 내가 진심으로 말합니다. 젊어서는 그대 마음
대로 옷을 입고 어디든지 다녔지만 이후로는 다른 사람이 그대에게 옷
입히고 원치 않는 곳으로 데려갈 겁니다. 그럼에도 나를 따라오세요."

아이와 함께
드리는 기도

+ + + + + + + +

예수님 고맙습니다.

우리가 예수님을 버려도
주님은 우리를 버리지 않으십니다.

우리가 예수님을 포기해도
주님은 우리를 포기하지 않으십니다.

우리가 어떤 모습을 하든
한사코 단념하지 않는 주님 고맙습니다.

늘 죄를 짓고는
더는 용서를 구할 염치가 없어 머뭇거려도
단 한 번도 싫증 내지 않는 주님 고맙습니다.

세 번에 걸쳐 예수님을 버린 베드로를
세 번에 걸쳐 회복시켜 주시는

예수님의 사랑을 봅니다.

베드로에게 하신 말씀이
우리에게 하신 말씀입니다.
주님이 맡긴 자녀를 먹이고 키우겠습니다.
다른 사람이야 어찌하든 저는 주님을 따르겠습니다.

회복과 재기의 전문가이신
예수님의 이름으로 기도합니다.
아멘.

엄마·아빠를 위한 묵상

╋ ╋ ╋ ╋ ╋ ╋ ╋ ╋

주 하나님, 나의 하나님이 너와 함께 계시며, 너를 떠나지 않으시며, 너를 버리지 않으실 것이다. (역대상 28:20 표준새번역)

구 절 필 사

다음의 구절을 따라 적으며 하나님의 자비를 아기에게 들려주세요.

우리에게 있는 대제사장은 우리 연약함을 체휼하지 아니하는 자가 아니요 모든
일에 우리와 한결같이 시험을 받은 자로되 죄는 없으시니라. (히브리서 4:15 개역
개정)

감 사 일 기

태어날 아기를 생각하며 오늘의 감사 일기를 적어보세요.

믿 음 으 로
살 아 가 는
이 야 기

✳ ✳ ✳

부모를 공경하는 자녀, 자녀를 존중하는 부모가 되게 해주세요.

우리가 서로 사랑할 때 하나님의 사랑이 우리 안에 온전해지게 해주세요.

사랑이 우리를 자유롭게 해주세요.

우리의 사랑이 서로의 잘못을 덮게 해주세요.

우리의 일상이 하나님이 기쁘게 받을 예배가 되게 해주세요.

항상 기뻐하고 쉬지 말고 기도하고 범사에 감사하는 사람이 되게 해주세요.

첫
교
회
이
야
기

예수님이 하늘로 올라가시고 제자들은 예루살렘에 모였어요. 뭔가 놀라운 일이 일어날 것 같은 기분이 들었어요. 어느 날 아침, 제자들이 모인 곳에 세찬 바람이 '휘익~!' 하고 불더니 집 안을 채웠어요. 불의 혀처럼 생긴 불빛이 제자들의 머리 위에 너울거렸어요.

예수님이 보내신다고 약속한 성령이 오셨어요!

제자들은 성령으로 충만해졌어요. 예전에 세례 요한이 요단강에서 회개의 세례를 베풀며 한 말, 즉 "나는 물로 세례를 주지만 곧 나보다 훨씬 위대한 분이 오셔서 성령의 불로 세례를 줄 겁니다"라고 한 말이 이 날 이뤄졌어요.

제자들은 성령이 시키는 대로 여러 나라의 말로 기도했어요. 메소포타미아, 카파도키아, 이집트, 리비아, 심지어 아랍 말까지! 당시 예루살렘에는 세계 여러 곳에서 온 경건한 유대인들이 살았는데 그들은 제자들이 자기네 나라의 말로 기도하는 것을 듣고는 깜짝 놀랐어요. 베드로가 다른 제자들과 함께 일어나 말했어요.

"여러분, 하나님께서 예언자 요엘을 통해 말씀하셨습니다. '마지막 날에 나는 내 영을 모든 사람에게 부어주겠다. 너희의 딸과 아들은 예언을 하고, 젊은이들은 환상을 보고, 늙은이들은 꿈을 꿀 것이다. 내 영을 내 여종과 남종에게도 부으리니 그들도 예언을 할 것이다.' 그 말씀이 지금 이루어졌습니다. 나사렛 예수는 놀라운 기적을 베풀고 악인들의 손에 죽었지만 하나님께서는 그분을 다시 살리셨습니다. 우리는 모두 이 일의 증인입니다. 하나님께서는 여러분이 십자가에 못 박아 죽인 예수님을 우리의 구주와 친구로 삼으셨습니다. 그 예수님을 통해 하나님나라의 꿈이 이루어지고 있습니다."

사람들이 마음에 찔려서 외쳤어요.

"우리가 하나님의 꿈의 일부가 되려면 무엇을 해야 하나요?"

"회개하세요. 하나님께로 돌아가세요. 예수님의 이름으로 세례를 받으세요. 그러면 죄를 용서받고 새로운 삶을 받을 겁니다. 또한 성령을 선물로 받을 겁니다."

✦ ✦ ✦

무려 3천 명이 세례를 받고 하나님나라의 백성이 되었습니다. 그들은 사도들의 가르침을 듣고 서로 도와주며 식탁에 마주 앉아 교제를 나누고 기도했어요. 믿는 사람은 모두 함께 지내며 가진 것을 공동 소유로 내어놓았어요. 재산과 물건을 팔아서 서로 필요한 만큼 나눠 가졌어요. 한마음이 되어 날마다 성전에 모이며 즐겁게 밥을 먹고 하나님을 찬양했어요. 교회는 백성의 호감을 사고 칭찬을 받았어요. 주님은 구원받을 사람을 날마다 더해주셨어요.

제자들은 거리에 나가 복음을 전했어요. 예수님은 살아 계시고 그분이 하나님의 사랑과 평화를 세상에 가져오셨다고, 그러니 죄에서 돌이켜 하나님나라의 꿈의 한 부분이 되자고 모든 이를 초대했어요.

하루는 베드로와 요한이 기도하려고 성전으로 올라가는데 나면서부터 걷지 못하는 사람이 성전 문 곁에 앉아 구걸을 하고 있었어요.

"거기 선생님들, 한 푼만 주세요."

베드로가 말했어요.

"금과 은은 없습니다만 제가 가진 것을 드릴게요. 나사렛 예수의 이름으로 일어나 걸으세요!"

베드로가 그 사람의 손을 잡아당기니 벌떡 일어났어요.

그는 걸었어요. 뛰었어요. 하나님을 찬양했어요.

사람들은 그가 성전 문 곁에 앉아 구걸하던 거지임을 알고서 놀랐어요. 사람들이 몰려들자 베드로는 그들이 죽인 나사렛 예수의 능력으로 이 사람이 나은 것과 그 예수가 바로 오래전부터 그들이 기다리던 그리스도임을 선포하였어요. 그날에 새로 예수님을 믿은 사람이 남자 어른만 5천 명이었어요.

점점 더 많은 사람들이 교회에 합류하자 예수님을 죽인 대제사장들과 장로들과 율법학자들은 위협을 느꼈어요. 그들은 베드로와 요한을 붙잡아서 더는 예수의 이름으로 말하지도, 가르치지도 말라고 경고했어요.

"하나님의 말씀을 듣는 것보다 당신들의 말을 듣는 것이 더 옳습니까? 우리는 보고 들은 것을 말하지 않을 수 없습니다!"

베드로와 요한은 교회로 돌아와 그들이 겪은 일을 고하고 교우들과 함께 기도했어요. 그들이 기도를 다 마치자 모인 곳이 흔들렸어요. 교우들은 모두 성령으로 가득 차서 하나님의 말씀을 담대히 전했습니다.

✦ ✦ ✦

그 많은 사람이 한마음 한 뜻이 되어 아무도 자기 재산을 자기 것이라고 하지 않았어요. 모든 이들이 자기가 가진 것을 가지지 않은 이들과 함께 사용했어요. 땅이나 집을 가진 성도는 부동산을 팔아서 필요한 자매 형제와 나누었어요. 교회에는 가난한 사람이 단 한 명도 없었어요. 공동체에는 기쁨이 가득했고, 하나님과 서로를 향한 사랑으로 가득 찼어요. 예수님이 항상 꿈꾸던 모습이었어요.

아이와 함께
드리는 기도

+ + + + + + + +

성령님 고맙습니다.

예수님이 떠나신 후에 우리를 홀로 두지 않고
우리 안에 들어와 함께 사시는 성령님을 찬양합니다.

초대교회 공동체를 보며 놀라움과 부러움을 느낍니다.
가난한 사람이 없었다는 말씀에 부끄러움을 느낍니다.

우리 교회가 초대교회처럼
마음만 아니라 물질도 함께 나누게 해주세요.
한 믿음을 고백하고 한 성령을 받은 자매 형제임을
입술로만 고백하지 않고 행함으로 고백하게 해주세요.
함께 먹고 마시며 기쁨과 슬픔을 나누게 해주세요.

초대교회가 백성들의 호감을 사고 칭찬을 받았듯이
그래서 구원받는 사람이 날마다 더해졌듯이
오늘날 교회가 그런 교회가 되면 얼마나 좋을까요!

교회의 머리 되신 예수님의 이름으로 기도합니다.

아멘.

엄마·아빠를 위한
묵상

✝ ✝ ✝ ✝ ✝ ✝ ✝ ✝

여러분은 사도들과 예언자들의 기초 위에 세워진 사람들이요, 그리스도 예수께서 친히 모퉁잇돌이 되셨습니다. 그리스도 안에서 건물 전체가 서로 연결돼 주 안에서 함께 자라 거룩한 성전이 됩니다. 여러분도 성령 안에서 하나님께서 거하실 처소가 되기 위해 그리스도 안에서 함께 세워져 가고 있습니다. (에베소서 2:20~22 우리말성경)

사도들의 편지

여러분의 마음을 졸이게 하는 일이 있나요? 아무것도 염려하지 말고 모든 일을 기도와 간구로 하세요. 여러분의 소원을 감사하는 맘으로 하나님께 아뢰세요. 그러면 사람의 헤아림을 뛰어넘는 하나님의 평화가 그리스도 예수 안에서 여러분의 마음과 생각을 지켜주실 겁니다.

내 마음이 얼마나 좋은지 모릅니다. 성도 여러분이 나를 기억하고 도와주니 정말 기쁩니다. 여러분이 평소에 늘 나 바울을 생각하지만 그걸

표현할 기회가 없었을 거예요. 내가 궁핍해서 이렇게 말하는 것이 아닙니다. 나는 형편이 어떠하든 참으로 만족하는 법을 배웠거든요. 나는 가진 것이 적어도 넉넉한 사람처럼 행복합니다. 가진 것이 넘쳐도 소박한 사람처럼 행복합니다. 진짜 부자는 더 가질 수 있는 사람이 아니라 더 필요한 것이 없는 사람이니까요. 나는 비천하게 살 줄도 알고, 풍족하게 살 줄도 압니다. 나는 배부르거나 굶주리거나, 부유할 때나 가난할 때나 어떤 처지에서도 자족할 수 있는 비결을 터득했답니다. 나를 빚으신 분 안에서, 내게 능력을 주시는 분을 힘입어, 나는 모든 것을 할 수 있습니다.

우리의 자녀들은 주 안에서 어버이에게 순종하세요. 이는 주님을 기쁘게 해드리는 일이랍니다. 십계명에 적힌 대로 어머니와 아버지를 공경하세요. 부모 공경은 약속이 붙은 첫 계명입니다. 부모를 공경하는 사람은 복을 받아 하는 일이 다 잘되고 오래 살 거라는 약속을 받습니다. 어버이들은 자녀의 마음에 상처를 입히지 마세요. 자식을 격분하게 하지 마세요. 자칫 용기를 잃고 낙담할지도 모릅니다. 하나님이 주신 자녀를 주님의 정신으로 교육하고 훈계하며 잘 기르세요.

✦ ✦ ✦

내가 유창한 말솜씨와 천사의 언어를 구사한다 해도 사랑하지 않으면 녹슨 징에서 나는 시끄러운 소리에 지나지 않습니다. 내가 하나님의 말씀을 전하고 모든 신비를 드러내고 온갖 지식을 지니고 산을 옮길 만한 믿음을 가졌다 해도 사랑하지 않으면 나는 아무것도 아닙니다. 내가 전 재산을 가난한 이들에게 나누어 주고 남을 위하여 불 속에 뛰어든다 해도 사랑하지 않으면 아무 소용이 없습니다.

사랑은 오래 참습니다. 절대 포기하지 않지요. 사랑은 친절합니다. 사랑은 시기하지 않습니다. 사랑은 자랑하지 않습니다. 사랑은 교만하지 않습니다. 사랑은 무례하지 않습니다. 사랑은 자기의 유익을 구하지 않습니다. 사랑은 쉽게 성내지 않습니다. 사랑은 앙심을 품지 않습니다. 사랑은 불의를 기뻐하지 아니하고 진리와 함께 기뻐합니다. 사랑은 모든 것을 덮어주고 모든 것을 신뢰하고 모든 것을 소망하고 모든 것을 견딥니다.

예언이 그치고 방언이 멈추고 지식은 없어져도 사랑은 절대로 사라지지 않습니다. 우리가 지금은 진리의 조각만을 알기에 하나님을 담아

내는 우리의 말 역시 불완전합니다. 완전하신 그분이 오시면 불완전한 것이 사라집니다. 내가 소싯적엔 말과 생각과 판단이 아이와 같았지만 커서는 어렸을 적의 일을 버렸습니다. 우리가 지금은 구리거울에 비치듯 희미하게 보지만 그날이 오면 얼굴과 얼굴을 맞대고 분명하게 볼 겁니다. 지금은 내가 부분적으로 알지만 그날이 오면 하나님께서 나를 아시듯이 나도 완전하게 알 겁니다. 그 완전함에 이를 때까지 굳건한 믿음을 가지세요. 끝까지 소망하세요. 서로 사랑하세요. 믿음, 소망, 사랑, 이 셋은 항상 있을 텐데 그중에 으뜸은 사랑입니다.

사랑하는 여러분, 우리 서로 사랑합시다. 사랑은 하나님에게서 옵니다. 사랑하는 사람은 다 하나님에게서 났고, 하나님을 압니다. 사랑하지 않는 사람은 하나님을 알지 못합니다. 하나님은 사랑이시니까요. 하나님께서 하나뿐인 아들을 세상에 보내주셔서 우리가 생명을 얻었습니다. 이렇게 하나님의 사랑이 나타났습니다. 사랑은 여기에 있으니 우리가 하나님을 사랑한 것이 아니라, 하나님께서 우리를 사랑하셔서 당신의 아들을 보내 제물이 되게 하셨습니다. 사랑하는 여러분, 하나님께서 이토록 우리를 사랑하시니 우리도 서로 사랑해야 합니다. 지금까지 하나님을 본 사람은 없지만 우리가 서로 사랑하면 하나님께서 우리 가운데 계시고, 또 하나님의 사랑이 우리 가운데서 완성됩니다.

✦ ✦ ✦

우리는 하나님이 베푸는 사랑을 알고 또 믿습니다. 하나님은 사랑입니다. 사랑으로 사는 사람은 하나님 안에 살고 하나님도 그 사람 안에 사십니다. 그리스도가 이 세상에서 사신 것처럼 우리도 살게 되었으니 사랑이 우리 안에서 완성되었습니다. 이제 우리는 심판의 날을 담대하게 맞을 수 있습니다.

사랑에는 두려움이 없습니다. 완전한 사랑은 두려움을 몰아냅니다. 두려움은 벌을 생각하니 생깁니다. 두려움을 품으면 아직 사랑을 완성하지 못한 사람입니다. 하나님께서 먼저 우리를 사랑하셨기에 우리도 사랑합니다.

"나는 하나님을 사랑해요." 이렇게 말하면서 자매와 형제를 미워하는 사람은 거짓말쟁이입니다. 눈에 보이는 자매 형제를 사랑하지 않으면서 어떻게 보이지 않는 하나님을 사랑하나요. 하나님을 사랑하는 사람은 자매와 형제도 사랑해야 합니다. 이 계명을 그리스도가 우리에게 주셨습니다.

+ + +

만물의 마지막이 가까이 다가옵니다. 그러니 아무것도 당연하게 여기지 마세요. 정신을 바짝 차리고 기도하세요. 무엇보다도 서로 뜨겁게 사랑하세요. 사랑은 허다한 죄를 덮어줍니다. 우리 모두는 지구별 여행자이니 서로 따뜻하게 대해주세요. 각자가 하나님께 받은 은총의 선물을 너그러이 나누며 봉사하세요. 그래야 하나님의 주신 은총을 잘 관리하는 선한 청지기가 됩니다.

+ + +

자매와 형제 여러분, 하나님의 자비가 이토록 크시니 나는 여러분이 이렇게 살기를 바랍니다. 여러분 자신을, 먹고 자고 놀고 일하는 매일의 일상을, 하나님이 기쁘게 받으실 헌물로 드리세요. 이것이 우리가 드릴 진정한 예배입니다.

이 시대의 문화와 유행을 따라가지 마세요. 여러분의 가치관과 사고방식이 새롭게 거듭나야 합니다. 그러면 여러분을 향한 하나님의 선하고 거룩하고 온전한 뜻을 깨달을 겁니다.

✦ ✦ ✦

항상 기뻐하세요. 쉬지 말고 기도하세요. 범사에 감사하세요. 이것이야말로 그리스도 예수 안에서 하나님이 여러분에게 바라시는 삶의 방식입니다.

아이와 함께
드리는 기도

✝ ✝ ✝ ✝ ✝ ✝ ✝ ✝

하나님 고맙습니다.

인생이란 막막한 바다를 헤쳐나가는 저희에게
하늘의 닻별이 되는 말씀을 넉넉하게 주셨습니다.

우리 아이와 부모인 저희가 근심 염려로 어두울 때
감사함으로 하나님을 찾게 하세요.
넉넉하든 모자라든 어떤 처지에도 자족하는 능력을 주세요.
부모를 공경하는 자녀, 자녀를 존중하는 부모가 되게 해주세요.

우리가 서로 사랑할 때
하나님의 사랑이 우리 안에 온전해짐을 보게 해주세요.
사랑이 우리를 자유롭게 해주세요.
우리의 사랑이 서로의 잘못을 덮게 해주세요.
우리의 가치관이 거듭나서 이 시대를 따르지 않게 해주세요.

우리의 일상이 하나님이 유쾌히 받을 예배가 되게 해주세요.

항상 기뻐하고 쉬지 말고 기도하고 범사에 감사하게 해주세요.

이렇게 사신 예수님의 이름으로 구합니다.
아멘.

엄마·아빠를 위한 묵상

✝ ✝ ✝ ✝ ✝ ✝ ✝ ✝

모든 성경 말씀은 하나님께서 감동을 주셔서 기록되었기 때문에 진리를 가르쳐 주며, 삶 가운데 무엇이 잘못되었는지 알게 해줍니다. 또한 그 잘못을 바르게 잡아주고 의롭게 사는 법을 가르쳐 줍니다. 말씀을 통해 하나님을 바르게 섬기는 자로 준비하게 되고, 모든 좋은 일을 할 수 있는 사람으로 자라게 됩니다. (디모데후서 3:16~17 쉬운성경)

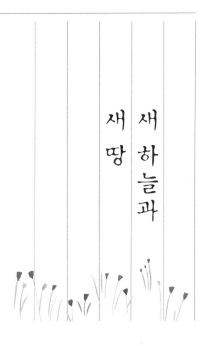

새 새
땅 하
늘
과

긴 세월이 흘렀습니다. 예수님의 어린 제자 요한은 할아버지가 되고 다른 사도들은 다 세상을 떠났습니다. 복음은 널리 퍼지고 믿는 사람도 더해갔지만 예수님의 친구들은 그분을 따른다는 이유로 괴롭힘을 받았습니다. 하나님은 고난 속에서도 믿음으로 사는 백성을 위로하고자 요한에게 꿈과 환상을 보여주셨습니다.

✦ ✦ ✦

요한은 새 하늘과 새 땅을 보았습니다. 전에 있던 하늘과 땅은 사라지고 바다도 없어졌습니다. 하나님이 계신 하늘에서 거룩한 도시 새 예루살렘이 내려왔습니다. 마치 신랑을 위해 가꾼 신부의 모습 같고, 신부를 위해 꾸민 신랑의 모습 같았습니다. 그때 보좌에서 큰 음성이 들렸습니다.

"보라, 이제 하나님의 집은 사람들이 사는 곳에 있다. 하나님께서 사람들과 함께 계시고 그들은 하나님의 백성이 될 것이다. 그렇다. 하나님께서 친히 그들 가운데 계셔서 그들의 하나님이 되시며 그들의 눈에서 모든 눈물을 씻어주실 것이다. 이제 다시는 죽음도 슬픔도 울부짖음도 고통도 없을 것이다. 그 모든 것은 영원히 다 사라져버렸다."

보좌에 앉으신 분이 또 말씀하십니다.

"보라, 내가 만물을 새롭게 하겠다. 내가 네게 일러주는 것은 신실하고 참되니 모두 다 기록하라. 이제 다 이루었다. 나는 알파와 오메가요, 처음과 마지막이다. 생명의 샘물을 주니 목마른 자들은 거저 와서 마셔라. 승리한 자들은 누구나 다 이 모든 복을 그의 몫으로 받을 것이다. 나는 그의 하나님이고 그는 내 아들이 될 것이다."

천사는 요한을 높은 산꼭대기에 이끌었습니다. 아름다운 도시 거룩한 예루살렘이 하늘에서 내려왔습니다. 그 도시는 수정처럼 투명한 순금으로 지었고, 열두 개의 주춧돌은 사파이어, 에메랄드, 토파즈, 자수정 같은 보석으로 꾸몄습니다. 열두 대문은 각각 한 개의 커다란 진주로 만들었고 큰길은 맑은 유리처럼 투명한 순금으로 포장했습니다.

　　그 도시 안에는 성전이 없습니다. 어느 곳에서든 하나님과 어린양을 예배할 수 있으니까요. 그 도시에는 해와 달도 없습니다. 하나님과 어린양의 영광으로 환하게 빛나니까요.

　　그 빛은 땅 위에 있는 모든 나라를 비출 겁니다. 온 세상의 왕들이 보화를 가지고 그 도시로 들어올 겁니다. 성문은 결코 닫히지 않고 열려 있을 겁니다. 거기에는 밤이 없기 때문입니다.

　　천사는 요한에게 생명수가 흐르는 강을 보여주었습니다. 수정처럼 맑은 그 강은 하나님과 어린양의 보좌에서 출발해 그 도시의 넓은 거리 한가운데를 흘렀습니다. 그 강의 양쪽 언덕에는 열두 가지의 열매를 맺는 생명나무가 달마다 새 열매를 맺고, 그 나뭇잎은 온 세계 민족을 치료하는 약으로 쓰였습니다. 그 도시에서 하나님의 백성은 하나님의 얼굴을 직접 볼 것입니다. 거기서 영원토록 왕처럼 살 것입니다.

그때 예수님이 말씀하십니다.
"내가 속히 가겠습니다. 친구들에게 줄 큰 상을 갖고 가겠습니다. 나는 처음과 마지막이요, 시작과 끝입니다. 나는 다윗의 뿌리이자 자손입니다. 나는 빛나는 새벽별입니다."
이 모든 것을 밝히 보여주신 예수님이 분명히 선포하십니다.
"그렇습니다, 내가 속히 가겠습니다."

"아멘. 마라나타! 우리 주님 어서 오세요."
주 예수 그리스도의 은총이 이 책을 읽는 모두에게 깃들기를 빕니다.
아멘.

아이와 함께
드리는 기도

✝ ✝ ✝ ✝ ✝ ✝ ✝ ✝

예수님 고맙습니다.

주님은 시작이 있으면 끝이 있게 하셨습니다.
그 끝이 끝이 아니라 영원으로 이어지게 하셨습니다.

사는 날 동안 우리가 흘리는 눈물을 닦아주세요.
우리가 흘리는 눈물을 주의 병에 담아주실 때마다
눈물도 없고 아픔도 없는 새 하늘과 새 땅을 바라보게 해주세요.

사는 날 동안 우리의 어둠을 밝혀주세요.
우리의 어둠을 주의 빛으로 밝히실 때마다
해도 달도 없이 주의 영광만 빛나는 그날을 기다리게 해주세요.

사는 날 동안 목마름을 달래주세요.
성령의 생수로 목마른 영혼을 축일 때마다
생명의 물을 값없이 마시며
더는 목마르지 않는 낙원을 고대하게 해주세요.

예수님 어서 오세요. 마라나타.

뵐 날을 기다립니다.

더딘 듯 속히 오실 예수님의 이름으로 기도합니다.

아멘.

엄마·아빠를 위한
묵상

+ + + + + + + +

마라나타, 우리 주님, 오십시오. 주 예수의 은혜가 여러분과 함께 있기

를 빕니다. 나는 그리스도 예수 안에서 여러분 모두를 사랑합니다. 아

멘. (고린도전서 16:22~24 표준새번역)

구 절 필 사

다음의 구절을 따라 적으며 다시 오실 주님의 이야기를 아기에게 들려주세요.

마라나타, 우리 주님, 오십시오. 주 예수의 은혜가 여러분과 함께 있기를 빕니다. 나는 그리스도 예수 안에서 여러분 모두를 사랑합니다. 아멘. (고린도전서 16:22~24 표준새번역)

감 사 일 기

태어날 아기를 생각하며 오늘의 감사 일기를 적어보세요.

⬛ 출산 후기

　아기를 품고 낳은 여성이 쓰면 좋을 책을, 생명을 품지도 낳지도 못하는 남성이 썼습니다. 저자의 자격을 변호하고 싶은 건 그래서일까요? 가정출산으로 네 아이를 손수 받고 직접 탯줄을 끊고 홀로 네 번의 산후조리를 했습니다. 태중에서부터 열 살이 넘기까지 아이들과 매일 밤 성경과 이야기책을 읽어줬다면 이 책을 쓸 자격을 조금은 갖춘 걸까요? 『하루 5분 성경 태교 동화』는 어린이성경에 으레 실리는 다윗과 골리앗, 다니엘과 세 친구 같은 단골 레퍼토리 대신에 생명의 잉태와 해산, 부모의 눈물과 기도를 담은 이야기로 가득 채웠습니다.

　이 책의 독자가 된 엄마와 아빠에게 바라요. 배냇아기에게 소리 내어 읽어주세요. 아기에게만 아니라 부부가 서로에게 읽어주고 무엇보다 자신에게 들려주세요. 아기가 태어난 뒤로도 해마다 한 번씩은 읽어주세요. 이 책은 태교를 위한 성경이지만 어린이성경을 염두에 두고 썼습니다. 그러니 자녀에게도 부탁해요. 혼자 책을 읽을 나이가 되면 엄마와 아빠에게 이 책을 되읽어주세요. 그렇게 10년을 손때 묻히며 부모와 자녀가 함께 읽는 책이 된다면 글쓴이로서 더 바랄 나위가 없겠습니다.

『하루 5분 성경 태교 동화』의 출산에 수고한 손길을 기억합니다. 제게서 원고를 끌어내 주신 박경아 선생님, 편집으로 애쓴 박윤 선생님, 책의 디자인을 맡아준 조은덕 선생님, 책을 세상에 알려줄 김희연 선생님, 부족한 글을 그림으로 빛내준 진순 선생님께 고개 숙여 인사합니다. 제가 네 아이의 아비가 되도록, 이 책을 쓸 수 있도록 이날까지 마음 한 조각, 말 한 마디, 밥 한 그릇, 동전 한 닢을 나눠준 모든 벗에게 사례합니다.

"그때에는 이리가 어린양과 함께 살며 표범이 새끼 염소와 함께 누우며 (⋯) 어린아이가 그들을 이끌고 다닌다."(이사야 11:6)

부모님들은 아이에게 이 책을 읽어주는 어느 날 깨달을 거예요. 아, 내가 아이에게 '읽어주는' 것이 아니라 내가 말씀을 읽도록 아이가 이끌어주는구나.

어린아이가 우리를 이끄는 세상이 속히 오기를.

2021년 8월

매미 합창 가득한 도봉산 기슭에서

✻ 참고 구절

- 창조는 사랑의 몸짓입니다_창 1:1~2:4
- 아담과 하와_창 2:8~3:24
- 모든 생명과 맺은 약속_창 9:1~17
- 사라와 아브라함_창 12~22장
- 하갈과 이스마엘_창 16:1~16, 21:1~21
- 물에서 건져낸 아기_출 1:1~2:10
- 불임 여성이 부른 위대한 노래_삼상 1:1~2:12
- 사람의 중심을 보는 하나님_삼상 16장
- 한부모 가정에 임한 은혜_왕상 17장
- 엘리사와 두 어머니_왕하 4:1~36
- 시와 지혜_시 23, 103, 127장; 잠 1:7~9, 23:22~25, 14:26, 22:6, 15:16~17, 16:8, 23:4~5, 28:25, 10:19, 13:3, 18:13, 18:8, 12:16, 15:18, 15:1, 16:32, 3:5~6, 16:1~3
- 예술가 산파 유모 하나님_시 139:13~16; 렘 1:5; 시 71:5~6, 22:9~10; 사 60:16, 49:15
- 예수님의 길을 준비한 아기_눅 1:5~25, 57~80; 막 1:1~8; 마 3:1~12
- 임신부 마리아의 노래_눅 1:26~56; 마 1:18~25
- 예수님이 태어났어요_눅 2:1~20; 마 2:1~11

- 하나님의 꿈_눅 2:52, 마 5~7장
- 예수님을 놀라게 한 믿음_마 9:1~8; 막 2:1~12; 눅 17~26; 마 8:5~13; 눅 7:1~10; 요 4:43~54
- 누구보다 삶을 즐긴 예수님_창 1장; 전 3:12, 9:7~9; 요 2:1~11
- 죽은 자녀를 살린 예수님_막 5:22~43; 눅 8:41~56, 7:11~17
- 예수님과 아이들_막 10:13~16, 9:33~37; 눅 9:46~48, 22:24~27; 요 6:1~14; 마 21:12~17
- 믿음을 도우시는 예수님_막 9:14~29, 7:24~30
- 바다 한가운데서_막 4:35~41; 마 14:22~33
- 마지막 한 주간_눅 19:28~40; 마 21:1~11; 요 2:13~17; 마 21:12~13; 요 12:1~8, 13:1~17; 마 26:26~29; 고전 11:23~25
- 십자가의 길_마 26:36~27:54; 막 14:32~15:38; 눅 22:39~23:46; 요 18:1~19:30
- 날마다 죽는 예수님_복음서 전체
- 부활과 승천_마 28장; 막 16장; 눅 24장; 요 20장; 행 1:1~11
- 다시 세워주시는 예수님_마 26:30~35, 56~58, 69~75; 눅 22:31~34; 요 21:1~17
- 첫 교회 이야기_행 2~4장
- 사도들의 편지_빌 4:6~7, 10~13; 엡 6:1~4; 골 3:20~21; 고전 13:1~13; 요일 4:7~12, 16~21; 벧전 4:7~10; 롬 12:1~2; 살전 5:16~18
- 새 하늘과 새 땅_계 21, 22장

말씀을 읽는 시간, 주님의 사랑으로 크는 아이
하루 5분 성경 태교 동화

초판 1쇄 발행 2021년 8월 23일 **초판 4쇄 발행** 2024년 8월 7일

글 박총 **그림** 진순
펴낸이 최순영

출판1 본부장 한수미
라이프 팀
디자인 조은덕

펴낸곳 ㈜위즈덤하우스 **출판등록** 2000년 5월 23일 제13-1071호
주소 서울특별시 마포구 양화로 19 합정오피스빌딩 17층
전화 02) 2179-5600 **홈페이지** www.wisdomhouse.co.kr

ⓒ 박총, 2021

ISBN 979-11-91766-45-5 13590